iOS 企业级应用开发技术

和凌志 / 著

電子工業出版社
Publishing House of Electronics Industry
北京•BEIJING

内 容 简 介

本书聚焦在 App“产品”的设计、开发和运营层面，特别强调架构和设计模式的重要性，有意识地将设计模式应用到代码的编写中，重点介绍 iOS 企业级应用开发的设计思维方式，并与全栈开发技术结合起来。

全书分为 iOS 基础篇、Web 与 Native 混合开发模式篇和全栈开发技术篇。iOS 基础篇主要介绍 iOS 基础知识、多种设计模式下的视图控制器之间的传值、App 与服务器接口的定义、CollectionView 的应用；Web 与 Native 混合开发模式篇主要介绍 Block 的应用、iOS 网络请求、JavaScript 基础、Web 与 Native 的交互；全栈开发技术篇主要介绍 Node.js、Express、AngularJS、MongoDB、MEAN 全栈技术的实现。

本书适合从事 iOS 开发的人员，以及有一定 iOS 基础、想学习全栈技术的人员阅读。

源码下载地址：https://github.com/leopard168/iOS-Enterprise。

图书在版编目（CIP）数据

iOS 企业级应用开发技术 / 和凌志著. — 北京：电子工业出版社，2017.10
ISBN 978-7-121-32828-2

I. ①i… II. ①和… III. ①移动终端－应用程序－程序设计 IV. ①TN929.53

中国版本图书馆 CIP 数据核字(2017)第 244091 号

责任编辑：田宏峰
印　　刷：三河市君旺印务有限公司
装　　订：三河市君旺印务有限公司
出版发行：电子工业出版社
　　　　　北京市海淀区万寿路 173 信箱　　邮编：100036
开　　本：787×980　1/16　印张：16.25　字数：366 千字
版　　次：2017 年 10 月第 1 版
印　　次：2017 年 10 月第 1 次印刷
定　　价：68.00 元

凡所购买电子工业出版社图书有缺损问题，请向购买书店调换。若书店售缺，请与本社发行部联系，联系及邮购电话：（010）88254888，88258888。

质量投诉请发邮件至 zlts@phei.com.cn，盗版侵权举报请发邮件至 dbqq@phei.com.cn。

本书咨询联系方式：tianhf@phei.com.cn。

序

认识和凌志先生，是在2013年。

在那一年，北方工业大学计算机学院新增了新的数字媒体技术实验室，作为学生创新、创业、企业实训培养基地，为学生提供了更好的设计与开发实验环境。为了进一步激发学生的学习兴趣，促进产学研的结合，同时紧跟技术发展趋势，我们开设了一门基于移动终端的互联网课程，聘请经验丰富的和凌志先生讲授“iOS企业级应用开发技术”。

和凌志早期担任西门子手机软件平台架构师，近十多年来，一直从事移动互联网的产品开发工作，在电商平台、移动流媒体方面，积累了丰富的行业经验。他把这些宝贵的企业经验应用在了教学实践中。早在开课之前，和凌志就已经完成了《iOS开发之美》一书，该书通俗易懂，很适合初学者快速上手。

为了给学生创造一个更好的学习条件，我们与北京高校计算机信息类专业群合作，特意录制了iOS开发的MOOC（慕课）视频课程，从Objective-C编程语言、表视图，到网络请求、数据存储，都给出了详细的实例。

与市面上已有的iOS参考书不同的是，《iOS企业级应用开发技术》一书聚焦在“产品”的设计、开发和运营层面。所谓企业级应用，指开发出来的产品是可上线、可运营的，而不是仅仅用来演示的，而且企业级应用还要考虑开发周期、研发成本、运行和维护的投入。

书中特别强调架构和设计模式的重要性，坚持倡导一个理念：“在一个给定的场景下，最佳方案只有一个”。比如，在讲述视图控制器之间的传值时，先后列举了五种不同的实现方案，对比不同的方案，给出相应的应用场景；在讲述Web与Native交互时，给出了多个应用实例；类似的场景还有很多。

从书名上看，《iOS企业级应用开发技术》的主题是在讲述iOS开发技术，但作者并没有仅仅停留在iOS开发本身，而是延伸到“全栈（Full Stack）”技术路线上。以Node.js为平台的全栈技术越来越受到互联网公司的热捧。

当下，我们正处于共享经济的时代，知识分享也日益成为一种时尚。通过尝试校企合作，从适应技术发展的角度提升学校课程设置使之与社会需求紧密结合，为学生在校期间掌握前沿技术提供一种良好手段，为毕业后走向社会打下扎实的技术基础。

马　礼

北方工业大学计算机学院院长

前　言

缘起

为何要写一本《iOS 企业级应用开发技术》的书？这还得从我的工作经历说起。

早在 2014 年，北方工业大学计算机学院就创建了数字媒体技术实验室，并为此配备了国内一流的实验设备。在过去的几年，我一直为学生们讲授“iOS 企业级应用开发”课程，本书记录了学生实战的心路历程。

本书成稿历经两年，其间几易其稿。在这个过程中，北方工业大学计算机学院的学生和老师，都给我了很多无私的帮助。每次审视这些教学案例，都会得到一次技术上的升华。在本书出版之前，初稿曾在北方工业大学计算机学院试用，在整个教学过程中，我为学生们在课堂上勇于“质问”的精神点赞。

北方工业大学计算机学院数字媒体技术实验室

读者对象

本书所面向的读者对象是有一定 iOS 基础的开发者。如果你是第一次接触 iOS 开发，建议还是翻阅一下笔者的拙作——《iOS 开发之美》。

既然书名命名为“iOS 企业级应用开发技术”，说明它不是一本泛泛的 iOS 基础的普及，相反，本书所关注的是，在企业项目开发中碰到疑难杂症时，如何开具良方，对症下药。

具体来说，这本书适宜的读者有：

（1）想学习 Objective-C 2.0 编程语言的初学者。

过去的几年，几乎每年的 WWDC 开发者大会，苹果公司都会隆重地推广 Swift 语言，但现实情况是，在 iOS 企业级应用开发中，Objective-C 依然是主流。

作为一门编程语言，Swift 还在处于不断的更新中，从早期的 1.0，发展到今天的 3.0，可见其变化之大。从另一个角度来讲，说明它还存在不稳定性。

本书的所有实例，都是基于 Objective-C 2.0 编写的。尽管 Objective-C 与 Swift 都是基于 Xcode 进行开发的，从设计模式上讲，它们有异曲同工之妙；但从编程风格上讲，二者的差异还是蛮大的。

（2）有了一定的 iOS 基础，想扩展 iOS 知识面的。

就 iOS 技能而言，本书花了大量篇幅介绍：不同设计模式下的视图控制器之间的传值；对表视图（UITableView）一笔带过，而对集合视图（UICollectionView）则通过多个维度来演练，这是因为在笔者看来，表视图是 iOS 的基础控件，而在其之上，才是集合视图；还有 Block（块）——这个令初学者感到望而生畏的地方；网络请求、断点下载，都在本书中娓娓道来；在构建企业级应用时，混合开发模式越来越受到青睐，书中详细讲述了 Native 与 Web 的交互。

（3）已经在 iOS 领域久经沙场，想学习“大前端”、“全端”及“全栈”的。

随着 App 多年的发展，App 的优势和短板日益明显，原生技术无法解决的问题，需要前端技术（HTML5）来弥补，二者才能相得益彰，所以混合开发模式越来越受欢迎。

常听到有人感叹，iOS App 的用武之地没有想象得那么广阔，即使不转型，也想再扩展一下自己的技术路线。从产品形态上看，iOS App 也属于前端范畴，这里，笔者给出的建议是学点前端技术，掌握点 JavaScript，向“全栈”进军。

如果一个 App 开发工程师同时具备了原生与全端的技能，由“单翼”变成了“双翼”，其技术路线的前景将变得越来越广阔。

如何阅读本书

作为一门 iOS 企业级应用开发技术，其蕴含的知识点无疑有多个方面。本书的特点是，针对同一个应用场景，用不同的方案来实现它，经过演绎推理，得出一个结论——在给定的场景下，最佳方案只有一个！

本书分为 iOS 基础篇、Web 与 Native 混合开发模式、全栈开发技术。

（1）iOS 基础篇。

就 iOS 技能而言，本书先介绍了 Objective C 语法，再过渡到定制化视图的创建和管理，以及 App 与服务器接口的定义。此外，本篇还有两个重要部分。

视图控制器之间的传值：总结以往的项目经验，我们发现，视图控制器之间的传值是必不可少的，而且实现的方式有多种。在同一个项目中，对同一类问题的解决会出现多个“门派”，如果不统一约定，后期维护将非常被动。为便于理解，这里给出了同一个场景下的 4 种实现方案（Delegate、Singleton、KVO、Notification），还有一种 Block 实现方式，放在了混合开发模式中讲解。以上实现方案，每一种方法的背后都有一种设计模式的支撑。只有掌握了设计模式，才能更好地理解和融会贯通。

集合视图的应用：我们没有讲述传统的表视图，而是聚焦在集合视图（UICollectionView）上，旨在说明，如要构建一个华丽的 UI 页面，就要善用集合视图。通过自定义的 UICollectionViewLayout，可以轻松地实现一个瀑布流，而这种瀑布流效果是表视图所无法比拟的。为了能够掌握集合视图的应用，书中给出了大量的实例。

iOS 的基础知识是没有穷尽的，只要掌握了核心的实现模式，其他的便迎刃而解，正所谓“一叶知秋”！

（2）Web 与 Native 混合开发模式。

当我们面向企业级 App 开发时，需要用一种产品设计的思路来引导学习技术路线，而不是仅仅停留在 iOS 知识本身。之所以采用 Web 与 Native 混合开发模式，是因为 iOS 原生开发有着明显的短板，而 Web（HTML5）为产品的推广带来了新的生命力。从 Web 技术的角度来看，总是希望有一种方法能够取代 Native（原生），事实上，这种趋势也越来越明显。

具体到本篇内容，分为 Block 的应用、网络请求、JavaScript 基础、Web 与 Native 的交互，这四部分并不是独立的，而是通过一条主线贯穿在一起的。

本质上讲，Web 与 Native 的交互是 Web 与 Native 技术的融合。没有网络请求，Web 无从谈起。而 iOS 的网络请求，必然用到 AFNetworking；既然是网络请求，就会用到异步调用，回调和 Block 是异步处理机制的基础，所以才出现了 Block 和网络请求两章。

从 iOS 自身技术来讲，似乎 Web 加载再简单不过了，不就是调用一个 UIWebView 吗？其实，技术水平的差异就体现在这个缝隙地带。我们是否具备 Web 的基础技能呢？是否懂得一些 JavaScript 呢？这些知识看似与 iOS 无关，实际上它们是密不可分的。如果 iOS 开发者不懂得 JavaScript，那么在涉及 Web 与 Native 交互时，沟通将会很吃力，以至于影响到产品开发的进度和团队的合作效率。

从技术层面上讲，Web 与 Native 的交互方式有多种，尽管苹果公司推出的 JavaScriptCore.framework 已有多年，但在项目开发中，还是有人在用传统的 HTTP 特殊字符拦截方式。虽然也能满足项目的需求，殊不知，一个过时的框架技术，会对产品后期的维护埋下太多的坑。

本篇讲到的 JavaScript 基础，目的是指出，相比其他编程语言，JavaScript 有什么特别之处。

Web 与 Native 的交互，重点在讲述网页与 iOS 之间的相互调用。具体来说，Objective-C 如何调用 JavaScript，反之，JavaScript 又如何调用 Objective-C。而它们相互调用的桥梁是 JavaScriptCore.framework，前期的 Block 概念在这里得到充分的应用。

（3）全栈开发技术。

iOS 开发者在经历几年的积淀之后，常常会产生一种莫名的困惑，未来的技术路线何去何从？尽管 iOS SDK 博大精深，但作为一个 App 开发者来说，并没有那么多金矿可挖。历经十年的发展，iOS 的第三方框架已非常成熟，如果你的工作仅仅是为了开发一个 App，随着时间的推移，对技术路线的方向会愈发渴望。这个时候，有必要停下来，仔细规划一下了。

学无止境！问题是该怎么学。摆在 iOS 开发者面前的有两个选择：先熟悉 Objective-C，再向 Swift 深入，这是一种纵向学习方法，试图将 iOS 开发进行到底，这种方法适合开源框架的打造者，紧跟 Apple 技术更新的步伐；还有一种学习方法——横向发展，不仅掌握 iOS 技能，还需要扩展羽翼，学习更多的知识。IT 知识如同浩瀚的海洋，该如何撷取一朵适合自己发展的浪花呢？我们先来看看 iOS App 的生态环境，或许从中能得到答案。

无论是 iOS 还是 Android，App 原生开发模式的最大弊端是版本的迭代与升级的任务繁重。为了解决这个问题，才引入了 HTML5 技术。移动互联网产品，从产品形态来看，分为 iOS App、Android App、微信公众号（小程序）、后台管理页面、数据管理等；从开发的技术工种来看，分为 App（iOS、Android）工程师、前端工程师、后端工程师；从广义层面来看，App 也是前端的一种展现形式，App 开发离不开 Web 技术。从某种意义上说，前端=App+JavaScript。作为 iOS App 开发者，一旦掌握了 JavaScript，其技术路线的前景瞬间开阔了很多，而前景的方向就是“全栈技术”路线。

一个偶然机会，我接触到了全栈（Full Stack）的概念，并瞬间被它的理念所吸引。这里说的全栈，不是传统的 LAMP（Linux、Apache、MySQL、PHP），而是一种全新的以前端为主导的框架，所谓“大前端”、“全端”，指的是以前端为核心的框架。最终，我把框架选型聚焦在 MEAN（MongoDB、Express、AngularJS、Node.js）上。MEAN 全栈技术框架所用到的每个组件（MongoDB、Express、AngularJS 和 Node.js）都是基于 JavaScript 语言开发的，原本 JavaScript 是为网页设计的语言，但自从有了 Node.js 之后，前端工程师也可以写后台了。Node.js 让前端开发像子弹一样飞！

选用 MEAN 全栈技术，可以快速地实现开发，尤其是到了产品的运营阶段，其优势表现得非常明显。我们知道，今天的任何一款移动互联网产品，都离不开微信公众号的推广，大多出彩的产品，在它的微信公众号内，所展示的是一套完整的业务逻辑，而不是几个简单的页面。这就是说，一个运营成功的产品，越来越倚重于全栈技术。

为此，本书在后半部分引入了全栈技术开发，从而进入全栈开发的世界。

全栈技术包括后台与前端。一说到服务器端开发，自然想起 Java、.Net、PHP，不过，近几年来，Node.js 风生水起，如果你想学习一门更具前沿技术的服务器端开发平台，Node.js 是一个不错的选择。

尽管 Node.js 自身已足够强大，但其生态系统的构建还要借助于 Express、AngularJS、MongoDB 以及模板引擎。既然 Express 是基于 Node.js 之上的后端框架，对初学者来说，借助 Express 框架更容易快速上手。

前端框架，本书选用了 AngularJS。在吹响全端号角的今天，我们越来越强调前端框架的重要性。在前端的世界，AngularJS 可谓“玉树临风”。在 MEAN 全栈中，Node.js 和 Express 负责后端处理，而与网页交互的正是 AngularJS，因此，可以想象 AngularJS 在前端框架地位之高。

把 MongoDB 数据库应用到 MEAN 全栈中，可谓相得益彰。通过 MongoDB，你对全栈开发会有一个完整的、全新的认知。

学习一门编程技术，最有效的途径还是实践。对于书中出现的每个知识点，都辅以相关的代码实例。书中的实例不是独立的，而是贯穿了整个全栈的技术点。

践行全栈之路

用了 MEAN 全栈，它到底能带来什么好处呢？这里，以我们发布的一款产品——“点时”App 为例。“点时”是一款轻量级的知识分享平台，内容以语音为主。这样的一款产品，从生态上讲，包括 iOS App、Android App、微信、后台的课程发布与运维管理。传统的做法是项目开发组分为前端与后台两套人马，要么前端等后端，要么后端等前端，而我们采用了 MEAN 全栈架构，不再区分前端与后台，开发效率明显提升。借助 MEAN 全栈框架，它带来的最大好处是减少了前后端之间的依赖，App 开发工程师可以通过全栈技术实现一次华丽的转身！

本书的源码

在学习本书示例代码时，可以按照书中讲解的步骤，一步一步地手工敲入所有代码，也可以下载随书所带的源码。本书所有的源代码都可以从 GitHub 下载。

源码下载地址：https://github.com/leopard168/iOS-Enterprise。

勘误和支持

我尽最大的努力确保正文和代码没有错误，但随着开发环境版本的变化，错误在所难免。

如果读者发现书中的任何错误，例如错别字或代码片段无法运行等，希望您能及时反馈给我。您提交的勘误不仅能帮助自己，还能让其他读者受益。

读者可以在下载源码的地方（GitHub）进行反馈，也可以通过下面的联系方式与笔者沟通。

致谢

参与本书编写的还有林志红、尹陆军、张俊、马钧君、和凌群、高宁、刘晓波、牛雪峰。在本书成稿的过程中，得到了很多人的指点和帮助。这里，特别感谢北方工业大学计算机学院，从学生到老师，都给我了很多的支持与帮助，每次审视这些教学案例，都会在技术上得到一次升华。

在本书出版之前，初稿曾在北方工业大学计算机学院试用。在整个教学过程中，学生们提出的很多疑惑，都在本书中得到诠释。

这里，特别感谢北方工业大学计算机学院院长马礼教授在百忙中抽出时间为本书作序。

感谢电子工业出版社，正是你们卓有成效的工作使我保持了敲击代码的激情。

作者交流方式

作者的 QQ：2385911707@qq.com。

作者的微信号：leopard2385911707。

作　者

2017 年 9 月

我的 iOS 授课经历

在过去的几年，我为北方工业大学计算机学院的大四学生讲授过几期 iOS 课程，在听课前，学生们已经具备了一定的编程基础，如 C、Java 语言等。每次开课都是从 iOS 入门讲起。每学期结束后，我都会对自己的教学心得稍做总结，感触颇深。

初学者习惯于敲击代码，对设计模式没有多大兴趣。

每当讲到代码部分，大家都容易理解，尤其是敲击代码阶段，轻车熟路。而让人感到困惑的是，一旦涉及 Storyboard 中的对象拖曳，瞬间一片茫然。仿佛对象的拖曳是天外来客，难道作为一名程序员，就一定要比拼代码量吗？

我们习惯于大谈特谈软件的设计模式，但又有多少人会有意识地将设计模式应用到自己编写的代码中呢？不错，MVC（Model-View-Controller）设计模式是最为主流的设计模式之一。如果真正领悟了 MVC 设计模式，就不会对 Xcode 拖曳对象感到别扭，相反，你会为这种 Ctrl-Drag 操作而叫绝。这是因为，MVC 设计思想在 Xcode 平台上表现得淋漓尽致！

对于软件开发者来说，MVC 设计模式是极其重要的。如果不善用 MVC，软件的后期维护将变成一场灾难。

从事软件开发的人都有这样的经历，很不习惯维护别人的代码。也就是说，代码的可维护性着实让人头疼。在我的工作中，需要经常走查他人编写的代码。最不想看到的是，代码中有通篇的、莫名的数字。对于 App 开发者来说，看到大量的控件坐标会着实令人不解。通过代码创建自定义的视图，会充斥大量的坐标数字。这是因为，创建一个视图（按钮、标签、编辑框），至少需要设置它的左上角（原点）的坐标，还有其宽度和高度。这样的代码，如果让别人来维护，简直让人抓狂！

如果善用 MVC 设计模式，这些痛苦将会迎刃而解！

MVC 中的 V（View）- C（Controller）关系，完美地体现在了 Storyboard 的对象拖曳上。如果真正理解了 MVC 的设计精髓，就不会为对象的拖曳操作而烦恼。对一个 App 来说，主要解决这样几个问题：页面（视图）的展示、页面（场景）的跳转和数据的交互。可以说，App 的开发，大部分的工作量都花在了页面的布局上。对于像 App 这类 UI 产品，我们自然希望有这样的一个可视化开发平台，做到所见即所得，需要哪个控件，就拖曳哪个控件，再根据产品的设计要求，对页面上的控件进行布局。这样一来，通过简单的拖曳操作，一个完整的页面便会跃然纸上。回头一想，Xcode 不就是我们所期望的那个图形化开发平台吗？

在 Storyboard 或 Xib 上，拖曳一个对象（控件），从本质上讲，这个操作就是自动生成了一个视图（View）。至于视图要显示的具体内容，这是需要控制的。Xcode 通过创建视图的 IBOutlet 和 IBAction 来控制视图。ViewController，顾名思义，是视图控制器的意思。而视图控制器就是一个类，具体来说，就是一个.h 和.m 文件。在创建 IBOutlet 和 IBAction 时，初学者所遇到的困惑是，不清楚往哪个文件拖曳，也不清楚拖曳到文件的哪个部分。为了搞明白这个问题，需要弄清楚一个概念：只有该视图所对应的视图控制器，才能控制对应的视图；拖曳的方向是对应的.h 或.m 文件，拖曳的具体指向是@interface 与@end 之间。

为了熟记这种 Ctrl+Drag 操作，这里给出三步法。

第一步：拖曳，在 Storyboard 中，直接拖曳一个 UIViewController。

第二步：创建，创建该视图所对应的视图控制器类（UIViewController）。

第三步：关联，将拖曳的 UIViewController 与创建的视图控制器类关联起来。

尽管通过拖曳对象的方式可以省去很多不必要的代码，但这也仅仅是节省一部分代码而已。Storyboard 和 Xib 不是万能的，对于平台无法直接满足的定制化的控件，需要我们通过手动编码的方式来实现。

开发一款可用的、可运营的 App 产品，是一件很不容易的事，“生命，本不该浪费在一些无趣的事上”。我们应该把精力集中在产品的业务实现和用户体验上，而不是为 UI 的实现花费太多的时间。

忍不住也来说说 iOS 的设计模式

不管是什么软件开发平台，都会宣扬其设计理念，大谈特谈其设计模式。这里也忍不住想说说 iOS 的设计模式。

iOS 最基本的设计模式就是 MVC。

大多 MVC 参考书都是这样介绍的：MVC 是一种设计模式，M（Model）、V（View）、C（Controller）。Controller 控制视图的显示，Model 提供数据，Model 与 Controller 交互，但 Model 从不与 View 直接打交道。MVC 解决了视图与数据隔离的问题，降低了数据与视图的耦合性，便于维护。

对于 iOS 初学者来说，看完这段话，是没有感觉的。当我们学习某种模式时，首先要明白它讲的是什么？为什么用它？怎么用它？明白了这三点，那才是真正地明白了。

MVC 的概念，我们已经清楚了。不清楚的是：为什么要用 MVC？仅仅讲到数据与视图的分离，这是不接地气的。也就是说，大道理都明白，谈到具体的使用，仍是模棱两可。

如果不想再单独创建一个 Model 文件，直接把数据放在 Controller 中，难道这样不行吗？这还真的行。我们注意到，确实有些 App 就是这样做的。当 App 数据量很小时，体现不出设计模式的优势，想怎么用就怎么用，反正功能也实现了，而且，还减少了 Model 文件，感觉更容易些。

这里，我们所讨论的是较为复杂的 App。对于复杂的 App 来说，首要特征就是数据量庞大，数据的管理是一个难点（这里暂不讨论数据管理问题，后续章节有单独的介绍）。

做软件，总是希望能复用。对于 App 来说，复用有以下几种情况。

（1）数据的复用：如果新创建了一个项目，想重用之前 App 的数据。也就是说，换汤不换药。同一套数据，不同的 View。这个时候，就需要把之前的数据分离出来了，分离到一个独立的数据文件中。在新的项目中，直接加载这个数据文件就可以了（这里说的数据文件，不是某个 plist、sqlite 文件，而是 Model 下具有逻辑功能的文件）。

（2）视图的复用：同一套 UI 框架，只是展示的数据不同。这个时候，数据文件、视图（View）文件和视图控制器（View Controller）文件是完全独立的。

（3）Universal App：是指一个 App 可以根据终端自适应布局，既支持 iPhone 版，又支持 iPad 版，这样的 App 称之为 Universal App。既然是同一个 App，就应该共享同一数据。如果数据不是独立的模块，而是将数据混在了 View Controller 中，那么管理起来将非常不方便。难怪有 iOS 开发者抱怨，做一个 Universal App 还不如单独开发两个 App 简单：一个 iPhone 版 App，一个 iPad 版 App。如果真的是对同一个产品创建两个工程的话，后期维护的工作量可想而知。

目　　录

iOS 基础篇

Web 与 Native 混合开发模式

全栈开发技术

iOS 基础篇

在 iOS 基础篇，我们首先介绍了 Objective-C 语法，再过渡到定制化视图的创建和管理，以及 App 与服务器接口的定义。此外，本篇还有另外两个重要部分：

（1）视图控制器之间的传值。

开发一款 iOS App，视图控制器之间的传值是必不可少的，而且实现的方式有多种。这里列举了同一个场景下的 4 种实现方案（Delegate、Singleton、KVO、Notification），还有一种 Block 实现方式，放在了混合开发模式中讲解。每一种方案的背后，都有着它所对应的设计模式。只有掌握了设计模式，才能更好地理解和融会贯通。

（2）集合视图的应用。

如要构建一个华丽的 UI 页面，要善用集合视图。通过自定义的 UICollectionViewLayout，可以轻松地实现一个瀑布流，而这种瀑布流效果是表视图所无法比拟的。为了能够掌握集合视图的应用，这里给出了大量的实例。

iOS 的基础知识是没有穷尽的，只要掌握了核心的实现模式，其他的问题便迎刃而解了，正所谓“一叶知秋”！

第 1 章

iOS 基础知识

1.1 Objective-C 语法简介

1.1.1 Objective-C 的奇特之处

作为一名“码农”，掌握几种编程语言易如探囊取物。只要接触过一门编程语言，再学习其他的编程语言，就会容易很多。因为从本质上讲，编程语言大同小异，Objective-C 也不例外。

所有的编程语言，尽管表达方式不同，但大多都是相通的。比如，基本的数据类型、表达式、函数的声明和调用等。这里，我们不拿 Objective-C 与其他编程语言对比，越是对比，越让人迷惑。

我们先从字面上理解 Objective-C。顾名思义，Objective-C 就是一种特殊的 C 语言，也有人把 Objective-C 简称为 OC。

Objective-C 语言看上去怪怪的，是因为它有几个不常见的符号，比如，中括号[]、冒号:、加号+等。在 iOS 编程中，常看到类似下面的语句。

```
[display setTextColor: [UIColor blackColor ] ];
```

可以看出，这里不仅仅是一对中括号，而是多对中括号，一层套一层。

在 iOS 工程文件中，用得最多的文件就是.h 文件和.m 文件。

.h 文件是头文件，源自英文 Header；与此对应的是.m 文件，.m 文件是实现文件。.m 文件是 Objective-C 编程语言所特有的文件类型。至于为什么以.m 来命名，苹果官方文档没有给出说明。既然.m 文件是实现文件，据此推测，m 应该是 implementation（实现）的缩写。

.h 和.m 文件如同一对孪生兄弟，总是成对出现的。当创建一个.h 文件时，同时也会创建一个同名的.m 文件。也就是说，.h 和.m 拥有相同的文件名，但其文件类型是不同的，一个是.h 类型，一个是.m 类型。

这里给出一个代码示例，初次感受下.h 和.m 文件的代码结构是怎样的。在 Xcode 中，创建一个新文件：在 Xcode 菜单栏，逐一选中“File→New→File…”，选择“文件类型（NSObject）”。这里，以创建 Card 文件为例，Xcode 会自动生成两个文件：Card.h 和 Card.m。

Card.h 文件如下：

```
@interface Card : NSObject
@end
```

在面向对象的编程语言中，一个最基本的概念就是类（Class）。事实上，创建.h 和.m 的过程，就是创建一个类的过程，这里创建了一个 Card 类。类是具有继承关系的，NSObject 也是一个类。Card 与 NSObject 的关系是：Card 继承了 NSObject，换言之，NSObject 是 Card 的父类。父类又称为 SuperClass。关于 NSObject，有一点要特别说明：iOS 所有的类都继承了 NSObject。通俗地讲，在 iOS 中，NSObject 是所有类的“祖宗”。

从语法上讲，@interface 与@end 是一对。@interface 表明类的开始，而@end 表明类的结束。通过 Xcode 创建的类，会自动生成类的结构。如果通过手动的方式自行创建的话，注意不要忘记加上@end。

接着，我们再来解读 Card.m 文件。

```
@implementation Card
@end
```

.m 文件以@implementation 开始，以@end 结尾。乍一看，.m 文件与.h 文件没什么区别，其实，二者之间有一个很大的区别：.m 文件中的 Card 没有继承 NSObject。

在.m 文件中，必须通过#import 将对应的.h 文件包含进来。之后，.m 文件就可以引用.h 文件中的@property（属性）和 method（方法）了。.m 文件如下。

```
#import "Card.h"
@implementation Card
@end
```

接下来，开始为.h 文件添加一个属性（@property），代码如下。

```
@interface Card : NSObject
@property (nonatomic , strong) NSString *contents;          //声明一个属性
@end
```

如果是初次接触 iOS 编程，总会感到有些奇怪。声明一个变量（严格来说，是声明一个属性或实例变量），为什么还要在变量前面添加这么多的东西呢？@property (nonatomic,strong)是干什么用的呢？这就引入了 Objective-C 的另一个基本概念：@property 的声明与使用。

1.1.2 如何声明一个实例变量

关于 Objective-C 中的实例变量（Instance Variable），初次接触这个概念，难免会产生一些疑惑：实例变量有什么特别的呢？不就是一个变量吗？其实不然，如果仅仅是个变量的话，就不会有@property 了。有了@property，其功能也就强大了很多。

```
@property (nonatomic , strong) NSString *contents;
```

在声明@property 时，编译器会自动生成两个方法——getter 和 setter。顾名思义，getter 是用来获取实例变量的值，而 setter 是用来赋值的。通过重写 getter 和 setter，简单的几行代码就能实现看似复杂的逻辑。

对于@propety 的理解，只有通过具体的应用场景，才能做到灵活掌握，需要一个“悟”的过程。在后续章节中，我们会从多个维度来讲解 getter 和 setter 的妙用。

nonatomic 是一个与线程安全（Thread Safe）机制相关的概念，理解起来，未免有些抽象。当声明@property 时，通常会用到 nonatomic。

NSString 是一个对象数据类型，所有的对象数据都存放在堆（Heap）中。对象都是通过指针来声明的，当要声明一个 NSString 类型的实例变量时，只能用 NSString *，绝不可以只用 NSString，带不带*，有着本质的区别。

讲到这里，顺便提一下：在 Object-C 中，数据类型分为 Object Data（对象数据类型）和 Primitive Data（简单数据类型）。PrimitiveData 主要有 int、float、bool。

Object Data 和 Primitive Data 的区别在于，前者用 strong，后者不用 strong；前者带*，后者不带*。例如：

```
@property (nonatomic,strong) NSString *contents;
@property (nonatomic) BOOL onSwitch;
```

在声明一个@property 时，可以在.h 文件中声明，也可以在.m 文件中声明。在不同的文件中声明，它的作用范围是不同的。在.h 文件中声明的@Property，是公有（public）的；而在.m 文件中声明的，是私有（priviate）的。具体来说，在.h 文件中声明的@property，可以在其他文件中调用，而在.m 文件中声明的@property，只能在该.m 文件中使用。

如果是初次接触 iOS 开发，感觉不到这种声明有什么区别。当要开发一个第三方控件或 Framework 时，对这个声明需要有一个清晰的理解。作为被其他文件调用的@property，其实就是 API。哪些想让别人调用，哪些不想让别人调用，甚至根本不想让别人看见，这就得好好设计一下了。提供的第三方 Framework，需要尽可能少地暴露@property 和 method。想让他人调用的接口就暴露出来；暴露没用的接口，反倒让人迷惑。这个时候，一定要想好，哪些@property 和 method 放在.h 文件中，哪些放在.m 文件中。

1.1.3　Objective-C 字符串

1. NSString

在任何一门编程语言中，对字符串的处理都是很重要的一点。在 Objective-C 中，字符串是指 NSString 对象，NSString 有多个属性和方法，这里只介绍最常用的几个。

NSString 的赋值方法如下。

（1）直接赋值，通常用于常量字符串的赋值。例如：

```
NSString *myString = @"hello";
```

（2）多个字符串的拼接。例如：

```
NSString *myString = [otherString stringByAppendingString:secondString];
```

（3）创建格式化字符串，通过这种方式，可以将整型转换为字符型。例如：

```
NSString *myString = [NSString stringWithFormat:@"%d%@", myInt, myObj];
```

2. 如果判断两个字符串是否相等

在 iOS 开发中，有时需要判断两个字符串是否相等。对于初学者来说，由于概念不清楚，经常出现一些诡异的错误。这里给出代码示例。

```
NSString * strA = @"abc ";
NSString * strB =  [[NSString alloc] initWithFormat:@"abc" ];
//strA 是字符串，strB 是指向字符串"abc"的对象指针
if(strA == strB)
   NSLog(@"A is equal to B");
else
   NSLog(@"A is not equal to B");
```

运行这段代码，发现输出的结果是“A is not equal to B”。想必你会产生一些疑问，这是为什么呢？这两个字符串明明是相等的嘛，问题出在字符串对比的方法有问题。

深度分析下这个条件判断语句吧。“if (strA == strB) ”中的 strA 和 strB 分别对应不同的对象。虽然字符串的内容是相同的，但指向的对象不同。我们的本意是想比较两个字符串是否相等，而这条语句比较的是两个不同的对象是否相等。

那该怎么办呢？是不是需要特意为此编写一个方法呢？当然大可不必。iOS 已经为此提供了一个简洁实用的方法，这就是 isEqualToString:方法。

将字符串判断语句改为

```
if ([strA isEqualToString:strB])          //判断的是字符串的内容
```

再运行一次，你会发现输出的结果是“A is equal to B”。这个结果，正是我们所期待的。

在使用 isEqualToString:方法时，需特别注意：if 的后面是逻辑判断，所以必须用一对括号()，而不是中括号[ ]；而 isEqualToString:是方法调用，所以必须用中括号[ ]。我们知道，对 method（方法）的调用，是通过中括号[ ]来完成的。

需要指出的是，在 iOS 开发中，经常出现括号（...）和中括号[...]，二者是有差别的。

1.2 Objective-C 的对象类型与基本数据类型

1.2.1 对象类型与基本数据类型的混合使用

在 Objective-C 中，有两种数据类型：对象类型和基本数据类型。对象类型就是 Object Data，而基本数据类型就是 Primitive Data。二者区别又是怎样的呢？

从字面意义上讲，Primitive Data 就是基本数据类型，又称之为原生数据类型或简单数据类型，具体区别如下。

1. 基本数据类型（Primitive Data Type）

- 数据类型（Data Type）：仅仅是一个数据而已，直接使用，直接赋值。
- 常用的数据类型有 int、float、long、boolean，需注意的是，NSInteger 也是数据类型。
- Primitive Data 用不着指针，看不到*。
- 以 NS 打头的数据类型，不一定都是对象，如 NSInteger 就属于 Primitive Data，而 NSNumber 却是对象；所以说，NSNumber 的操作要比 NSInteger 复杂得多。当然，NSNumber 功能也更强大。

2. 对象类型（Object Type）

- 对象类型（Object Type）：所对应的是一个对象，对象可强大了，它所包含的不仅仅是属性，还包含方法（Method）。
- Object = Data + Method，通常一个对象中，既有属性也有方法；所以，你无法直接给一个对象赋值。比如，给 UITextField 对象赋值，“textField.text = @"example";”而不能是“textField=@“example””。
- 声明一个对象，类似“@property(nonatomic, strong) NSArray * foo;”，特别注意：NSArray 后面的“*”是必不可少的。
- 对象在使用时，一定要做初始化。

仅仅知道 Primitive Data 和 Object Data 的区别，是远远不够的。在数据处理和数据存储时，常常会用到 NSArray 和 NSDictionary。NSArray 和 NSDictionary 可以理解为是两个容器，这两个容器所装载的内容都是对象格式。Primitive Data 是一个基本数据类型而不是对象类型，这就意味着 Primitive Data 不能直接存放到 NSArray 或 NSDictionary 中。但很多时候，需要将 Primitive Data 装载到 NSArray 和 NSDictionary 中，遇到这种情况，需要进行在型转换。

1.2.2 对象类型与基本数据类型的转换

这里以 NSNumber 和 NSInteger 为例，NSNumber 是对象类型，而 NSInteger 是基本数据类型。NSNumber 所拥有的类方法，如下。

```
+ (NSNumber*)numberWithChar: (char)value;
+ (NSNumber*)numberWithInt: (int)value;
+ (NSNumber*)numberWithFloat: (float)value;
+ (NSNumber*)numberWithBool: (BOOL) value;
```

NSNumber 通过以上类方法，就可以完成一个基本数据类型到对象数据类型的转换。作为一个类，NSNumber 经常与*一起使用，比如：

```
NSNumber * intNumber = [NSNumber numberWithInt:100];
```

将基本类型封装到 NSNumber 中后，就可以通过方法的调用重新获取它。这里以整型为例，通过 NSNumber 的实例方法“-(int)intValue”可以获取 NSNumber 的整型值。

```
myInt = [intNumber intValue];          //获取对象的整型值
```

为强化 NSNumber 和 NSInteger 的概念，这里给出一段代码，从编译的角度看，有什么问题呢？

```
NSMutableArray  *myMutableArray = [[NSMutableArray alloc] init ];
[myMutableArray addObject: 100 ];
```

这样是会引发编译错误的，因为 NSMutableArray 只能存放对象类型，但 100 不是对象，而是一个基本的 int 型。为解决这个问题，需要用到 NSNumber，改动如下。

```
NSMutableArray  * myMutableArray = [[NSMutableArray alloc] init];
[myMutableArray addObject: [NSNumber numberWithInt:100]];
```

经过类型转换后，基本类型（int）的数据转为了对象类型。NSArray 和 NSDictionary 是两个强大的数据容器，可以容纳各种类型的对象数据，却无法容纳基本数据类型。

1.3 不可变数组与可变数组

在 iOS 开发中，有时需要把多个对象存放在一个容器中，然后对这个容器统一处理，这时候，就引入了数组和字典的概念。

在 Objective-C 中，数据的管理通常是通过数组和字典来完成的。与其他编程语言不同的是，Objective-C 的数组和字典的功能非常强大，它已经不再是一个简单的数组，而是一个庞大的对象容器了。

数组分为不可变数组和可变数组。NSArray 是不可变数组，与此相对应的是可变数组（NSMutableArray）。换个说法，NSArray 是静态数组，而 NSMutalbeArray 是动态数组。

1.3.1 不可变数组（NSArray）的特征

NSArray 是一个数组，它是一个有序的对象集合。也就是说，NSArray 所加载的每个元素都是对象。NSArray 是一个不可变数组，一旦创建了一个 NSArray，并填充了对象，在程序运行过程中，是无法再为数组增加一个对象的，删除一个对象也不行。

为便于对数组操作，NSArray 提供了以下主要的方法。

```
- (NSUInteger)count;                          //用来计算数组中对象的个数
- (id)objectAtIndex:(NSUInteger)index;        //获取数组中指定下标的对象
- (id)firstObject;                            //获取数组中的第一个对象
- (id)lastObject;                             //获取数组中的最后一个对象
```

1.3.2 可变数组（NSMutableArray）的特征

可变数组是不可变数组的延伸，NSMutableArray 是 NSArray 的子类。也就是说，不可变数组所具有的特征，可变数组都具备。不可变数组不能添加或删除对象，而可变数组是可以的。

创建一个可变数组对象，方法是

```
NSMutableArray * myMutableArray= [[NSMutableArray alloc] init]
```

NSMutableArray 继承了 NSArray 的所有方法，除此之外，可变数组（NSMutableArray）还有以下几个特有的方法。

```
//在可变数组的末端添加一个对象
- (void)addObject:(id)object;

//在可变数组指定的索引位置添加一个对象
- (void)insertObject:(id)object atIndex:(NSUInteger)index;

//在可变数组指定的索引位置，删除一个对象
- (void)removeObjectAtIndex:(NSUInteger)index;
```

1.3.3 如何遍历数组中的对象

当我们定义了一个数组，并对该数组进行了初始化后，接下来要做的是，如何获取到数组中的对象，并对数组中的对象进行处理。这就要解决一个问题，如何遍历数组中的对象？

按照习惯性的编程思路，需要先计算出这个数组有多少个对象，再通过 for 循环语句来获取数组中的下标，代码示例如下。

```
NSArray *myArray=@[@"a",@"b",@"c"];

//先计算数组中有多少个对象，通过 NSArray 的 count 方法
for (int i=0; i< [myArray count]; i++)
{
    //根据数组的下标，获取到数组的对象
    NSLog(@"for loop: %@",myArray[i]);
}
```

这种方法虽然可以遍历数组中的对象，但效率并不是很高。为了更加高效地遍历 NSArray 中的对象，Objective-C 提供了特有的 for-in 语句。

（1）假定我们事先知道数组中的对象都是 NSString 类型，在这种情况下，指定对象的类型进行遍历，代码示例如下。

```
for (NSString * string in myArray)
{
    NSLog(@"NSString: %@",string);
}
```

在这种指定类型的情况下，需要注意一点，编译器并不知道数组中存有哪些类型的对象。

```
for (NSString * string in myArray)
{
    //如果数组中不完全是 NSString 类型的对象，在这种情况下，程序将出现闪退（Crash）
    int value =[string integerValue] ;
}
```

（2）数组是一个对象容器，可以存放不同类型的对象。假定数组中存有多个不同类型的对象，又该做何处理呢？在这种情况下，将采用一种更为通用的方法，先将 NSArray 中的对象类型视为 id 类型，在对 id 进行操作时，再判断对象的具体类型。

```
for (id obj in myArray)
{
    //判断对象的类型，只有满足条件，才做处理
    if ([obj isKindOfClass:[NSString class]])
    {
        //对 NSString 类型的对象，进行方法调用
        int value =[obj integerValue];
    }
}
```

“if ([obj isKindOfClass:[NSString class]])”这个条件判断语句是必不可少的，只有判断它是 NSString 类型的对象，才能调用 NSString 所拥有的方法，否则会发生闪退（Crash）。

1.3.4 NSArray 与 NSMutableArray 的应用

几乎每一个伟大的互联网产品，在它的背后总有那么几个关键的技术点让人望而生畏，就是凭这几个关键的技术点，把竞争对手甩出了几条街。

同样，每个产品的开发的最后阶段，总会面临一个煎熬的问题，那就是性能的调优。性能的提升，不是靠某几行代码所能解决的，而通过多个细节的调优来达到整体的调优，正所谓"细节决定成败"。就拿 NSArray 与 NSMutableArray 来说，谈到它们的区别，每个人都可以说得头头是道，但在实际项目中，反倒是组合起来使用，性能更好。这里给出一个应用场景。

关于 NSArray 与 NSMutableArray 的区别，简单说来，NSArray 是静态数组，而 NSMutableArray 是动态数组。既然 NSMutableArray 是 NSArray 的子类，只要 NSArray 能做的事情，NSMutableArray 都能做。尽管如此，但这并不意味着 NSMutableArray 的功能更强大；相反，如果 NSMutableArray 使用不当，其性能反倒下降。

有人在使用 Array 时，不管三七二十一，统统使用 NSMutableArray，反正不会出错。在我看来，这是一种简单粗暴的编程方法。我们需要搞清楚 NSArray 与 NSMutalbleArray 的应用场景。通常来讲，NSArray 的遍历性能要高于 NSMutableArray。

这里，给出一段代码示例。

```
static NSString *kCellIdentifier = @"Cell Identifier";
@implementation AFViewController
{
    //在这里声明一个实例变量（Instance Variable）
    NSArray *colorArray;   //声明一个 NSArray，而不是 NSMutableArray
}
- (void)viewDidLoad
{
     [super viewDidLoad];
     [self.collectionView registerClass:[UICollectionViewCell class]
           forCellWithReuseIdentifier:kCellIdentifier];
    const NSInteger numberOfColors = 100;

    //为支持 addObject 方法，这里必须声明为 NSMutableArray
    NSMutableArray *tempArray = [NSMutableArray arrayWithCapacity:
           numberOfColors];
    for (NSInteger i = 0; i < numberOfColors; i++)
    {
       CGFloat redValue = (arc4random() % 255) / 255.0f;
       CGFloat blueValue = (arc4random() % 255) / 255.0f;
```

```
        CGFloat greenValue = (arc4random() % 255) / 255.0f;
         [tempArray addObject:[UIColor colorWithRed:redValue green:greenValue
            blue:blueValue alpha:1.0f]];
    }
    //将 NSMutableArray 中的数据复制到 NSArray 中
    colorArray = [NSArray arrayWithArray:tempArray];
}
```

将 NSMutableArray 中的数据复制到 NSArray 中，在后续代码中使用 NSArray，不再使用 NSMutableArray，从而避免了性能的降低。总体来说，当需要对数组进行增、删、改时，用 NSMutableArray；当对数组进行查询和遍历时，用 NSArray。

1.4　不可变字典与可变字典

1.4.1　不可变字典（NSDictionary）

与数组（NSArray）对应的是字典（NSDictionary），字典分为不可变字典（NSDictionary）与可变字典（NSMutableDictionary）。

字典是一个数据容器，字典所加载的数据都是对象类型。但与数组不同的是，字典里面的数据是以 Key-Value 格式呈现的。Key-Value 又称为键值对，这就是说，字典中所存储的数据是一对一对出现的，根据 Key 值，得到对应的 Value。这个 Value 也可以理解为对象，所以又称为 Key-Object。

创建 NSDictionary 对象的语法为

```
NSDictionary * dic = @{ key1 : value1, key2 : value2, key3 : value3 };
```

比如，我们要创建一个字典，字典的 Key 是颜色名称，Value 是颜色的值。

```
NSDictionary *colors =@
{
   @"green": [UIColor greenColor],          //green 的 key-vaule
   @"blue": [UIColor blueColor],            //blue 的 key-vaule
   @"red": [UIColor redColor]               //red 的 key-value
};
```

也许你已经注意到了，Key 就是一个字符串。字典中的 Key 必须是唯一的，不能重复。这是因为，我们要根据 Key 标识符来获取到该 Key 所对应的 Value。NSDictionary 中的方法

```
-(id)objectForKey:(id)key;
```

用来获取字典中的对象。

假设我们要获取字典中的红色值，需要根据 Key 的@“red”，获取到对应的 Value。有两种方法，第一种方法为

```
NSString *colorKey =@"red";
UIColor *colorObject = colors[colorKey];
```

第二种方法为

```
UIColor *colorObject = [colors objectForKey:@"red"];
```

既然有两种方法，那么用哪一种方法好呢？二者没有孰优孰劣，这取决于个人的偏好。通常来讲，第二种方法的代码可读性更强些，因为它更为直观地表达 Key-Value 键值对的概念，通过 Key 来获取到该 Key 对应的 Value，一目了然。

1.4.2 可变字典（NSMutableDictionary）

关于不可变数组（NSArray）与可变数组（NSMutableArray）的区别，前面已经有所讲述。有了这个基础，就可以很容易理解不可变字典（NSDictionary）与可变字典（NSMutableDictionary）的差异在什么地方。

NSMutableDictionary 继承了 NSDictionary，所以说，NSDictionary 所拥有的方法 NSMutableDictionary 都有，除此之外，NSMutableDictionary 还独有以下方法。

```
- (void)setObject:(id)anObject forKey:(id)key;       //添加一对 Key-Object，
- (void)removeObjectForKey:(id)key;                  //删除一对 Key-Object
- (void)removeAllObjects;                            //删除字典内所有的 Object
```

1.4.3 如何遍历字典中的对象

我们知道，字典中的对象都是以键值对（Key-Value）的形式呈现的，而且 Key 又都是唯一的，既然这样，就可以通过遍历 Key 来获取到对应的 Value。所谓遍历，就是按照一定的规则，将字典中所有的 Key 都检查一遍。

NSDictionary 中的数据存储结构，从本质上讲，就是一张哈希表（Hash），根据 Key 值，直接访问数据结构。哈希表是一种非常有用的数据结构，哈希表所带来的查找和插入效率，都是让人十分满意的。

Objective-C 中的数据字典（NSDictionary），就是很好地利用了 Hash-Table 的特性，通过 Key，可以快速地找到该 Key 对应的 Value。在 Objective-C 中，这种 Key-Value 也称为键值对。在 Xcode 中，应用十分广泛。比如，info.plist 文件结构，就是典型的 Key-Value 数据结构。

与 NSArray 类似，通过 Objective-C 特有的 for-in 语句，可以很方便地实现 NSDictionary 的遍历，代码示例如下。

```
NSDictionary *myDictionary = ...;
for (id key in myDictionary)
{
    id value = [myDictionary objectForKey:key];    //通过 Key，获取到对应的 Value
    /*在这里，对 Value 进行操作*/
}
```

1.4.4 NSArray 与 NSDictionary 的应用

在 iOS 开发中，离不开数组（NSArray）和字典（NSDictionary）。这个数组只能存储对象，而不能存储简单数据类型（如 int、char 等）。

数组也好，字典也罢，它们都是一个对象，而且也是可存储多个对象的容器。既然如此，在数组中，就可以内嵌字典；在字典中，也可以内嵌数组。

这里给出一个应用场景，例如，一个 tableView（表视图）是由多个 Cell 组成的，为创建一个高效的数据结构，用数组最合适不过了。tableView 的行正好对应数组的下标，而每个 Cell 又由多个对象组成（如缩略图、主标题、副标题等），将每个 Cell 对应的数据存成一个字典，是一个不错的数据存储结构。这样一来，“数组套字典”对 tableView 的实现来说，再合适不过了。

我们常用的 plist 文件，是一个典型的字典数据结构。字典是 key-Object 结构，而这里的 Object 又是以数组方式存在的，这就是“字典套数组”结构。

通俗地讲，再复杂的数据结构，无非就是“数组中套着字典，字典中套着数组”。

1.4.5 创建类的对象

在使用对象之前，我们要先创建一个对象。创建一个对象的方法有两种，最常用的方法是通过 alloc 和 init 来创建对象，比如：

```
NSArray *cards = [[NSArray alloc] init];
```

通过类方法来创建对象，NSString 常用这种方法，比如：

```
NSString  * count = [NSString stringWithFormat:@"%d", 100];
```

如果声明了一个类，在使用这个类之前，必须要创建这个类的对象，创建的方法如下。

```
MyClass  * myObj = [ [MyClass alloc] init ];
```

这里，要注意中括号的使用，[ ]也是可以嵌套的。因为 alloc 和 init 都是方法，所以只支持[ ]操作。

1.5 iOS 应用程序概述

1.5.1 应用程序的入口

每个应用程序都有一个入口，对于 iOS 应用来说，这个入口就是 main 函数。main 函数是创建工程时自动生成的，在 Xcode 工程导航栏的左侧，位于 Supporting Files 路径下，有一个 main.m 文件，代码清单如下。

```
//main.m
#import <UIKit/UIKit.h>
#import "AppDelegate.h"
int main(int argc, char * argv[])
{
    @autoreleasepool
    {
        return UIApplicationMain(argc, argv, nil, NSStringFromClass(
                                                   [AppDelegate class]));
    }
}
```

如代码所示，程序一旦启动就会进入 main 函数，然后 main 函数调用 UIApplicationMain 这个函数。通常情况下，用不着修改 main 函数，因此 UIApplication 才是我们关注的重点。

1.5.2 应用程序委托（AppDelegate）

当新创建一个工程时，都会自动创建一个 AppDelegate 类，它就是 UIApplication 的代理。AppDelegate.h 文件代码如下。

```
#import <UIKit/UIKit.h>
@interface AppDelegate : UIResponder <UIApplicationDelegate>
@property (strong, nonatomic) UIWindow *window;
@end
```

从中可以看出，AppDelegate 遵循了 UIApplicationDelegate 协议，从而成为了 UIApplication 的代理。在整个 App 应用程序中，有且仅有一个 UIApplication 实例。这个单例对象在应用程序启动时，由 UIApplicationMain 函数创建。之后，对同一个 UIApplication 实例，可以通过它的 sharedApplication 类方法进行访问。我们可以这样理解 UIApplication：

- 一个 UIApplication 对象就代表一个应用程序。
- 每个应用程序都有自己的 UIApplication 对象，而且是单例的，如果试着在程序中新创建一个 UIApplication 对象，会提示报错。

- 通过[UIApplication sharedApplication]可以获得这个单例对象。
- 一个 iOS 应用程序启动后，创建的第一个对象就是 UIApplication 对象，且仅有一个 UIApplication 对象。
- 通过 UIApplication 对象，可以进行一些应用程序级的操作。

对于应用程序级的操作，不妨给出一个示例。比如，当收到消息通知时，在手机主屏页面的应用图标（Icon）上，显示消息的条数。应用程序图标右上角的红色提醒数字，又称为角标（Badge）。类似微信，当有新的消息到来时，给出未读消息的条数。这时，就要用到 UIApplication 的一个属性。

```
@property(nonatomic) NSInteger applicationIconBadgeNumber;
```

我们再来看一下具体的代码实现。

```
- (void)viewDidLoad
{
    [super viewDidLoad];
    UIUserNotificationType myType = UIUserNotificationTypeBadge;
    UIUserNotificationSettings *mySetting = [UIUserNotificationSettings
                            settingsForTypes:myType categories:nil];
    [[UIApplication sharedApplication]
                            registerUserNotificationSettings:mySetting];
}
```

在一个按钮单击事件中，添加以下代码。

```
-(void)buttonClick
{
    //通过 sharedApplication 获取该程序的 UIApplication 对象
    UIApplication *app=[UIApplication sharedApplication];
    app.applicationIconBadgeNumber=1;
}
```

1.5.3 UIApplication 应用场景

通过上面的分析，可以看出 UIApplication 对于开发者来说就是一个黑盒子。UIApplication 在接收所有的系统事件和生命周期事件时，都会把事件传递给 UIApplicationDelegate 进行处理，对于用户输入事件，则传递给相应的目标对象去处理。

UIApplication 常用的场景有：

- 当收到消息推送时，需要由 UIApplication 来处理。
- 在用到第三方时（如微信支付、支付宝支付、地图等），需要在 UIApplication 注册。

1.5.4 一种简单的永久数据存储方式

在一个应用程序中，数据存储的方式有以下两种。

（1）程序运行时的数据存储。程序在运行时，将数据存放在 NSArray、NSDictionary 中，一旦程序退出，这些数据将不复存在，再打开程序时，将重新填充这些数据。

（2）永久性数据存储。所谓永久性，是指当应用程序退出再打开时，这些数据仍然是存在的。永久存储的应用场景是：用户设置了一些个人偏好，希望程序再次打开后，仍然保持退出前的样子。

总结起来，在 iOS 中，永久性数据存储的方式有五种：NSUserDefaults、Property List、Object Archives、SQLite 3、Core Data。这五种方式，一个比一个复杂、一个比一个功能强大，最简单的永久性数据存储方式是 NSUserDefaults。

NSUserDefaults 的数据存储格式仍然是 Key-Value 格式，由此可见，Key-Object 在 iOS 开发中使用得是多么广泛。只要理解了 Key-Value（或 Key-Object），再复杂的数据的管理也可以做到驾轻就熟。

1. NSUserDefaults 使用三步曲

第一步：通过 NSUserDefaults 的类方法获取到应用程序的共享实例（Shared Instance）。

```
NSUserDefaults * myUserDefaults = [NSUserDefaults standardUserDefaults];
```

第二步：指定一个唯一的 Key，并对该 Key 设定对象值。

```
[myUserDefaults setArray: myArray forKey:@"RecentlyViewed"];
```

前提条件是，myArray 是一个 NSArray 实例，并且已经进行了数据初始化。为便于 NSUserDefaults 对数据的操作，它还提供了以下几种方法。

```
- (void)setDouble:(double)aDouble forKey:(NSString *)key;
- (NSInteger)integerForKey:(NSString *)key;
- (void)setObject:(id)obj forKey:(NSString *)key;
```

其中，最常用的方法是

```
-(void)setObject:(id)obj forKey:(NSString *)key;
```

在使用这个方法时，所要存储的 Object 是有一定格式要求的，必须是 property list 属性的类型，这些类型有 NSArray、NSDictionary、NSNumber、NSString、NSDate、NSData，及其对应的可变类型（Mutable Class）。

第三步：同步。通过 setObject:(id)obj forKey:这个方法设置的数据，还没有永久存储到本地文件中。只要应用程序重新启动，这个对象就变为空了。为了确保数据的持久化，需要通过 NSUserDefaults 的 synchronize 方法。

```
[[NSUserDefaults standardUserDefaults] synchronize];
```

需要提示的是，初次接触 iOS 的开发者，一不小心就会遗漏这个步骤，到头来觉得莫名其妙，明明设置了 Object，应用程序重新启动后，反倒变成空的了，原因就是疏忽了 Synchronize 这一步。

2. NSUserDefaults 的特点

NSUserDefaults 虽然可以永久性地存储数据，但它可存储的数据量是有限的，属于轻量级存储。具体的数据量，苹果的官方文档没有给出说明，通常存储几 KB 的数据是没有问题的。

1.6 iOS 定制化控件

对于 iOS 常用的一些控件，如 UILabel、UIButton 与 UITextField，大家并不陌生，如果使用不当，就会把原本简单的问题复杂化。这里给出的几个示例大多是 App 开发中经常遇到的场景。

1.6.1 定制化 View 的创建

创建一个 UIView，有两种方法：一种是通过创建 Xib 方式，另一种是通过手动编码的方式。尽管手动编码方式需要编写大量的代码，在实际项目中，仍然会看到大量的手动编码，有时是因为项目的需要，而更多时候是因为个人习惯于手动编写代码。不管怎样，我们有必要掌握这种手动编写代码的方法，至于在实际项目中用哪种方法，视具体情况而定。

单纯创建一个 UIView 的套路很简单，通过大量的代码来设置 UIView 的属性，比如，原点坐标、大小、颜色、字体等。

既然要创建一个 UIView，就需要把 UIView 所需要的属性都设置好，主要包括以下几点。

- 设置 UIView 的左上角的原点坐标（*X*、*Y*）。
- 设置 UIView 的大小（宽度和高度）。
- 设置 UIView 的其他属性（如背景色、字体大小）。
- 对于创建的 UIButton，要设置它的单击事件。
- 为响应单击事件，还得创建它的 Delegate 或 Block。

创建一个 UIView，无非是 alloc、init、设置属性，最后调用 addSubview 方法。创建一个 UIView 的方法有两种：lazyload（懒加载）方法和 initWithFrame:方法。

1. 通过懒加载方法创建 UILabel

所谓懒加载，也称为延迟加载，就是说，定义一个变量，在程序启动的时候不做实例化，而是等到使用的时候再加载。

这里以加载一个定制化的 UILabel 为例，创建一个 Xcode 工程，在 ViewController.m 文件中添加以下代码。

```
//ViewController.m
#import "ViewController.h"
@interface ViewController ()
@property (nonatomic, strong)  UILabel * firstLabel;
@end
```

通常的做法是在初始化方法里对它进行 alloc、init 操作，例如：

```
self.firstLabel =  [[UILabel alloc] init];
```

当用到懒加载时，我们会重写它的 getter 方法，代码如下。

```
//重写 firstLabel 的 getter 方法
-(UILabel *)firstLabel
{
    //必须先判断_firstLabel 这个实例对象是否存在，若没有，则进行实例化
    if (!_firstLabel)
    {
        _firstLabel=[[UILabel alloc]initWithFrame:CGRectMake(80, 100, 300, 30)];
         [_firstLabel setTextAlignment:NSTextAlignmentCenter];
        //在这个 getter 方法中，切不可使用 self.firstLabel，这是因为 self.firstLabel
          本身就是在调用 getter 方法，这样会造成死循环
         [self.view addSubview:_firstLabel];
    }

    return _firstLabel;
}
```

然后，在 viewDidLoad 方法中调用它。

```
- (void)viewDidLoad
{
     [super viewDidLoad];
     [self.firstLabel  setText:@"iOS 企业级应用开发技术"];
    //这里的 self.firstLabel 先调用 getter 方法，要注意的是，一定要使用点语法，也就是
      我们常说的 getter 方法
}
```

2. 通过 SuperView 的 initWithFrame:方法创建一个 UILabel

在 viewDidLoad 方法中添加以下代码。

```
- (void)viewDidLoad
{
    [super viewDidLoad];
    UILabel *myLabel = [[UILabel alloc]initWithFrame:CGRectMake(154, 83, 100, 30)];
    [myLabel setText:@"名称"];
    myLabel.backgroundColor = [UIColor redColor];
    myLabel.font=[UIFont fontWithName:@"Arial" size: 20.0];
    [self.view addSubview: myLabel];
}
```

运行该 Xcode 工程，一个定制化的 Label 跃然屏幕之上。

1.6.2　小标签（UILabel），大用场

应该说，在 iOS 所有的控件中，UILabel 是再简单不过的了。UILabel 仅仅是一个标签，用来展示一些文字信息。如果我们能做到活学活用，那么，一个小小的 UILabel 将演变成一个“小控件，大用场”。

UILabel 的应用场景：在做电商类 App 时，免不了要对原有的价格打上一个中划线的标志，商品的折扣力度很大哦，以此吸引用户，如图 1-1 所示。

优资莲2016春装针织衫女

售价:　¥ 110/件

市场价: ~~¥ 199/件~~

图 1-1　UILabel 的中划线效果

从技术角度来看，该怎么实现这个效果呢？也许有人会说，用一个 UILabel 表示一个价签，用来显示价格；再把另外一个 UILabel 设成一条短直线，用来显示中划线的效果；再把中划线 Label 叠加到价签 Label 的正中央。也有人为此而得意，说是把 Label 的高度设为一个像素，从效果上看，就是一条细细的删除线，一行代码都不用写。

这种叠加 Label 的方式，虽然实现了效果，但从性能上来讲，并不理想。UILabel 毕竟是一个 View，只要是 View 的加载，就需要渲染。那么，用手动代码创建一个 UILabel 是不是就比从 Object Libray 中拖曳一个 UILabel 好呢？不是这样的。不管是手动代码还是直接拖曳，生成的都是 UIView，都需要渲染。这就是说，尽可能减少 View 的使用。

对于像在 UILabel 中央添加一条中划线的场景，完全可以通过 iOS Framwork 提供的 API 来实现。具体来说，就是通过 UILabel 的 NSAttributedString 属性来实现。

在之前创建的 UILabel 基础上，添加以下代码。

```
- (void)viewDidLoad
{
    [super viewDidLoad];
    [self.firstLabel setText:@"原价: ¥199"];
    NSUInteger length = [self.firstLabel.text length];
    NSMutableAttributedString *attri = [[NSMutableAttributedString alloc]
                              initWithString:self.firstLabel.text];
    [attri addAttribute:NSStrikethroughStyleAttributeName value:@(
                 NSUnderlinePatternSolid | NSUnderlineStyleSingle) range:
                 NSMakeRange(4, length-4)];
    self.firstLabel.attributedText = attri;
}
```

试着运行下，看看是不是达到了期望的效果。

通过这个实例想告诉大家：在看到一个特别的符号时，要尽可能用代码方式来实现。例如，电商中用到的人民币符号（¥），Xcode 本身就提供了这些特殊的符号，大可不必通过图片或 View 的叠加来实现。要知道，多加一个 View，就会加大终端适配的复杂度。

1.6.3 如何实现输入框随键盘上移

UITextField 是一个文本编辑框，UITextField 常见的场景是，当用户单击输入框时，输入框会随着键盘上移，移到键盘的上面。这种场景在即时聊天页面最为多见，比如，QQ 和微信的聊天页面，编辑框和按钮都移到键盘的上面，如果不做处理的话，弹出来的键盘就会把输入框遮住。当登录、注册页面有多个输入框时，也需要类似的处理。

这里给出的应用场景是一个注册页面，有多个输入框，如图 1-2 所示。这个看似简单的注册页面，从 UI 层面来讲，至少需要解决两个问题。

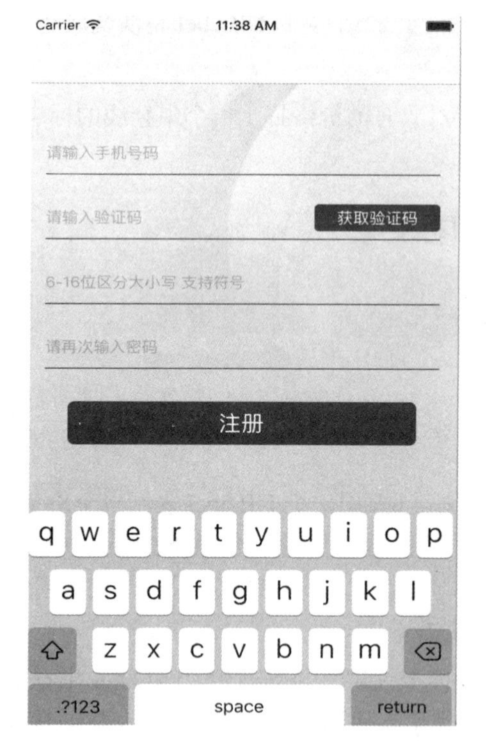

图 1-2 注册页面

- 当虚拟键盘弹出时，需要判断处于输入焦点的位置是否被键盘遮住，如果遮住了，需要上移输入框，而上移多少需要计算。
- 当触摸整个 View 时，输入框应释放焦点，虚拟键盘消失。

代码实现如下。

```
- (void)viewDidLoad
{
    [super viewDidLoad];
    //为 View 注册一个手势，触摸 View 时触发 Target-Action
    UITapGestureRecognizer *tapG = [[UITapGestureRecognizer alloc]initWithTarget:
                                             self action:@selector(tap)];
    [self.view addGestureRecognizer:tapG];
}

#pragma mark --解决虚拟键盘挡住 UITextField 的方法
//当某个 TextField 处于输入状态时
- (void)textFieldDidBeginEditing:(UITextField *)textField
{
    CGRect frame = textField.frame;
    //键盘高度为 216
    int offset = frame.origin.y + 162 - (self.view.frame.size.height - 216.0);
    NSTimeInterval animationDuration = 0.30f;
    [UIView beginAnimations:@"ResizeForKeyBoard" context:nil];
    [UIView setAnimationDuration:animationDuration];
    float width = self.view.frame.size.width;
    float height = self.view.frame.size.height;
    if(offset > 0)  //判断是否有必要上移 View
    {
        CGRect rect = CGRectMake(0.0f, -offset,width,height);
        self.view.frame = rect;
    }
    [UIView commitAnimations];
}
//输入完成后，键盘消失。添加动画，让键盘的消失有个过渡效果
-(BOOL)textFieldShouldReturn:(UITextField *)textField
{
    NSTimeInterval animationDuration = 0.30f;
    [UIView beginAnimations:@"ResizeForKeyboard" context:nil];
    [UIView setAnimationDuration:animationDuration];
    CGRect rect = CGRectMake(0.0f, 0.0f, self.view.frame.size.width,
                                             self.view.frame.size.height);
    self.view.frame = rect;
    [UIView commitAnimations];
    [textField resignFirstResponder];
```

```
        return YES;
    }

    #pragma mark -- 触摸View时
    - (void)tap
    {
        NSTimeInterval animationDuration = 0.30f;
        [UIView beginAnimations:@"ResizeForKeyboard" context:nil];
        [UIView setAnimationDuration:animationDuration];
        CGRect rect = CGRectMake(0.0f, 0.0f, self.view.frame.size.width,
                                            self.view.frame.size.height);
        self.view.frame = rect;
        [UIView commitAnimations];
        [self.view endEditing:YES];
    }
```

从本质上讲，所谓输入框的上移就是输入框所在的父视图的上移。整体上都是对 self.view.frame 的操作。

关于键盘遮挡输入框的问题，苹果官方文档给出了参考方案，通过观察者模式来实现。首先注册观察者，用来监听 UIKeyboardWillShow 和 UIKeyboardWillHide 事件。

```
- (void)viewWillAppear:(BOOL)animated
{
    [super viewWillAppear:animated];

    [[NSNotificationCenter defaultCenter] addObserver:self
                                      selector: @selector(keyboardWillShow:)
                                      name: UIKeyboardWillShowNotification
                                      object: nil];

    [[NSNotificationCenter defaultCenter] addObserver:self
                                      selector: @selector(keyboardWillHide:)
                                      name: UIKeyboardWillHideNotification
                                      object:nil];
}
```

实现自定义的方法如下。

```
- (void)keyboardWillShow:(NSNotification *)aNotification
{
    NSDictionary *userInfo = [aNotification userInfo];
    CGRect keyboardRect = [[userInfo objectForKey:UIKeyboardFrameEndUserInfoKey]
```

```
                                                  CGRectValue];
    NSTimeInterval animationDuration = [[userInfo objectForKey:
                    UIKeyboardAnimationDurationUserInfoKey] doubleValue];
    CGRect newFrame = self.view.frame;
    newFrame.size.height -= keyboardRect.size.height;
    [UIView beginAnimations:@"ResizeTextView" context:nil];
    [UIView setAnimationDuration:animationDuration];
    self.view.frame = newFrame;
    [UIView commitAnimations];
}
```

在 keyboardWillShow 方法中，获取键盘显示信息，根据信息对视图的框架进行调整；同理，keyboardWillHide 方法的处理是类似的，只不过把新高度改成“+= keyboardRect.size.height”就可以了。最后，移除观察者，代码如下。

```
- (void)viewDidDisappear:(BOOL)animated
{
    [super viewDidDisappear:animated];
    [[NSNotificationCenter defaultCenter] removeObserver:self
                    name:UIKeyboardWillHideNotification object:nil];
    [[NSNotificationCenter defaultCenter] removeObserver:self
                    name:UIKeyboardWillShowNotification object:nil];
}
```

1.7　视图的层级管理

1.7.1　创建视图的方法

我们知道，创建视图的方式有两种：一种是通过 Storyboard 或 Xib 拖曳，另一种是通过手动编码的方式。当用手动编码方式创建视图时，就要求熟练掌握 addSubView 和 removeFromSuperiew 方法了。View 是一个一个地叠加上去的，逻辑很清晰；而移除 View 的逻辑会有些复杂，因为在整个 View 的管理中，某个 View 有可能被移到最前面，也有可能被放到最后面，这是一个动态的调整过程。其实，整个视图的管理，从本质上说，就是以下四种方法的组合应用。

- addSubView：在父视图上，添加一个子视图。
- removeFromSuperiew：将当前的子视图从其父视图中移除掉。
- bringSubviewToFront：同一个父视图里面有多个子视图，如果想将一个 UIView 显示在父视图的最前面，可以调用 bringSubviewToFront 方法。

- sendSubviewToBack：同样，将一个 UIView 层放到背后，也就是父视图里面的最后端，就可以调用其父视图的 sendSubviewToBack 方法。

接下来，我们通过以下代码示例来弄清楚父视图与子视图之间的层级关系。

```
//创建三个视图对象
UIView * view01 = [[UIView alloc]init];
view01.frame=CGRectMake(100, 100, 150, 150);
view01.backgroundColor=[UIColor grayColor];

UIView * view02 = [[UIView alloc]init];
view02.frame=CGRectMake(125, 125, 150, 150);
view02.backgroundColor=[UIColor orangeColor];

UIView * view03 = [[UIView alloc]init];
view03.frame=CGRectMake(150, 150, 150, 150);
view03.backgroundColor=[UIColor greenColor];
```

将这三个视图对象添加到同一个父视图上。从视图绘制的角度看，先添加的先绘制，后添加的后绘制；而从视图显示的角度看，后添加的子视图在父视图的最上面，我们所看到的，永远是最上面的那一层视图。我们可以把视图的容器理解为一个堆栈（后进先出）。

```
[self.view addSubview:view01];
[self.view addSubview:view02];
[self.view addSubview:view03];

//视图 view01 原本在最后面，通过以下方法把它调整到最前面显示
[self.view bringSubviewToFront:view01];
```

视图 view03 原本在最前面，通过以下方法把它调整到最后面。应用场景是，想把某个视图隐藏起来，对用户来说不可见。

```
[self.view sendSubviewToBack:view03];
```

通过视图的层级调整，可以看到不同的视图效果。

既然一个父视图可以拥有多个子视图，那么，就得有一种方法可以获取到父视图中的所有子视图，这些子视图是一个数组，也就是 subViews。subViews 管理着 self.view 容器中所有的子视图。既然 subViews 是一个 View 数组，那么就可以获取到数组中指定的下标。根据子视图在父视图中的前后顺序，就可以判断一个子视图在 superView 中的层级，最底层 View 对应的数组下标是 0。判断视图层级的代码如下。

```
UIView * viewsub = self.view.subviews[0];
if(view03==viewsub)
```

```
{
    NSLog(@"view03 是最底层的 view");
}
```

1.7.2 如何从父视图中移除子视图

在项目开发中，有时候需要从 superView 中移除所有的子视图。为完成这个操作，需要按以下步骤进行。

- 获取父视图（superView）拥有的所子视图（subViews）。
- 逐个遍历所有的子视图。
- 调用 removeFromSuperview 方法，将指定的视图从其父视图中移除掉。

代码示意如下。

```
//Remove all subviews from self.view
for (UIView *subUIView in self.view.subviews)
{
    [subUIView removeFromSuperview];
}
```

当然，移除所有的子视图还有一种更为简洁的方法，一行代码就能实现。

```
[[self.view subviews] makeObjectsPerformSelector:@
                                    selector(removeFromSuperview)];
```

对于 UIView 来说，我们可以安全地使用 makeObjectsPerformSelector:方法，简单而实用。但仅仅有这个方法还不够，因为有时候不需要移除所有的子视图，而是根据具体的情况移除指定的某个子视图。例如，如果想把父视图中所有 UIButton 移除掉，则相应的代码示意如下。

```
for (UIView *subView in self.view.subviews)
{
    //如果子视图是 UIButton 类型，则移除该子视图
    if ([subView isKindOfClass:[UIButton class]])
    {
        [subView removeFromSuperview];
    }
}
```

在视图移除时，需要判断一下所要移除的视图是否存在，如果移除一个不存在的视图，那就要报错了，所以在移除视图时，要加上一个判断。

1.7.3 登录页面的实现

做 App 开发，一个最基本的入口就是登录页面。通常人们会认为，登录页面是一个简单的 UI 展示，没什么特别复杂的，如果想要炫一点的话，那是 UI 设计的事情，只要设计几张绚丽的图片就可以了。如此说来，碰上这样的一个登录页面（如图 1-3 所示），该如何实现是好呢？

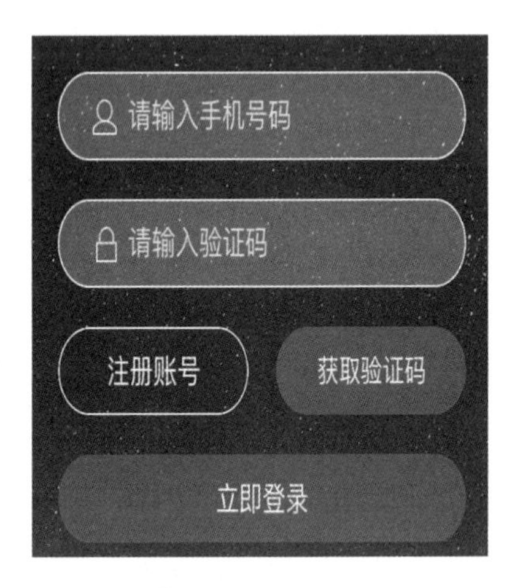

图 1-3　登录页面

这样的登录页面看上去没什么特别之处，常规的做法是，美工设计几个圆角按钮图片，在图片之上添加 UITextField 就行了。这样的定制化按钮要么通过贴图实现，要么通过代码实现，单纯的 Xib 设置是满足不了的。

对于这样的一个登录页面，从 UI 实现上来看，完全可以通过代码实现。首先创建一个带有圆角的 UITextField，再创建一个带有圆角的 UIButton，同时设置好背景颜色和字体。当然，整个页面的布局可以通过 Xib 来实现。有了 Xib，就解决了适配问题。这里我们只需关注那些定制化的代码，部分代码示意如下。

```
//创建定制化的输入框（请输入手机号码）
self.accountTextField.attributedPlaceholder = [[NSAttributedString alloc]
        initWithString:@"请输入手机号码" attributes:@{NSForegroundColorAttributeName:
        RGB16(COLOR_FONT_LIGHTWHITE)}];
self.accountTextField.borderStyle = UITextBorderStyleNone;
self.accountTextField.textColor = RGB16(COLOR_FONT_WHITE);
self.accountTextField.keyboardType = UIKeyboardTypeNumberPad;

//创建定制化的输入框（请输入验证码）
```

```
self.authTextField.attributedPlaceholder = [[NSAttributedString alloc]
        initWithString:@"请输入验证码" attributes:@{NSForegroundColorAttributeName:
        RGB16(COLOR_FONT_LIGHTWHITE)}];

self.authTextField.borderStyle = UITextBorderStyleNone;
self.authTextField.textColor = RGB16(COLOR_FONT_WHITE);
self.authTextField.keyboardType = UIKeyboardTypeNumberPad;

//创建定制化的按钮（立即登录）
self.loginButton.backgroundColor = RGB16(COLOR_BG_RED);
self.loginButton.layer.cornerRadius = self.loginButton.frame.size.height/2;
self.loginButton.clipsToBounds = YES;

//创建定制化的按钮（注册账号）
self.registerButton.backgroundColor = [UIColor clearColor];
self.registerButton.layer.cornerRadius = self.registerButton.frame.size.
                                                              height/2;
self.registerButton.layer.borderWidth = 1;
self.registerButton.layer.borderColor = RGB16(COLOR_BG_WHITE).CGColor;
self.registerButton.clipsToBounds = YES;

//创建定制化的按钮（获取验证码）
self.authCodeButton.backgroundColor = RGB16(COLOR_BG_RED);
self.authCodeButton.layer.cornerRadius = self.authCodeButton.frame.size.
                                                              height/2;
self.authCodeButton.clipsToBounds = YES;
```

这段代码用到了几个宏定义，一个工程经常会用到屏幕的宽度和高度。既然用到的频次很高，那就定义一个宏好了，代码示意如下。

```
//获取屏幕的宽度和高度
#define SCREEN_WIDTH ([UIScreen mainScreen].bounds.size.width)
#define SCREEN_HEIGHT ([UIScreen mainScreen].bounds.size.height)
```

另外，还会经常设置定制化的颜色，将已知的 RGB 值转化为 UIColor，代码如下。

```
//RGB 转 UIColor(十六进制)
#define RGB16(rgbValue) [UIColor colorWithRed:((float)((rgbValue & 0xFF0000)
        >> 16))/255.0 green:((float)((rgbValue & 0xFF00) >> 8))/255.0
        blue:((float)(rgbValue & 0xFF))/255.0 alpha:1.0]
```

总体来说，在做 App 开发时，原则上是图片能少用就少用。从项目开发角度讲，一味使用图片，对 UI 设计师的依赖很大，同时会给适配带来很大的工作量。因为图片一旦处理不好，

就会出现拉伸变形的情况；再说，图片的加载也会影响 App 的性能。原则上，能用代码实现就用代码。

1.8 iOS 编程规范

为企业开发的应用，最终是要发布的，不管是发布在 AppStore 上，还是在企业内发布，终归是给用户使用的。这就是说，企业级应用不是简单的演示，其业务逻辑的复杂性是不可小觑的。作为企业级应用，通常有以下几个特点。

- 带有鲜明的行业领域的特征。
- 业务逻辑复杂，涉及大量的数据和多人协同处理。
- 通常是由一个开发团队共同完成的。
- 完成发布后，还要考虑后期的运营与推广。

既然一个应用由多人协作完成，这就需要分工与合作。分工方式有两种：一种是按照模块来划分的，另一种是按照 UI 与数据层来划分的。例如，一人负责 UI，另一人负责数据的处理。多人合作带来的问题是：每人的编码风格不统一，一旦需要一个人维护另外一个人的代码，问题就暴露出来了。我经常听到的声音是代码乱，看不懂。其实，这只是表象，问题貌似代码乱，其实，症结不在代码的书写上，而是因为编程思路不统一造成的。紧接着，就会出现这样的现象，把别人的代码推翻，改为自己熟悉的套路，重新实现一遍。

为避免代码维护时期推倒重来，我们可以事先做好防范。

- 工程的基础框架，要给每一位团队成员讲清楚，大家按照统一的套路出牌。
- 尽快实现某一个需求的方案有多种，在给定的场景下，最优方案只有一个。
- 涉及业务逻辑的，一定要给出注释。

通常来讲，代码本身没什么难懂的；在代码评审时，经常听到这样的声音："最让人难懂的代码是 if"。因为不清楚在判断什么，一个 if 已经让人眼晕，多个 if 直接让人晕倒。所以，在编码规范中明确要求，只要是业务逻辑相关的，逢 if，必加注释！

在团队开发中，时间久了，就会形成鲜明的风格。即使一个简单的实例变量，也有多种声明的方法，就拿声明一个属性变量来说：

（1）可以在.h 文件中，声明一个属性变量，代码如下。

```
#import <UIKit/UIKit.h>
@interface ViewController : UIViewController
@property (nonatomic,strong)  SampleObj *obj;
@end
```

（2）也可以在.m 文件中声明，代码如下。

```
@interface ViewController ()
 @property (nonatomic,strong)  SampleObj *obj;
@end
```

（3）还可以在.m 中这样声明，代码如下。

```
@interface ViewController ()
{
   SampleObj * _obj;
}
@end
```

最基础的部分，看似简单，还是有必要强调下的。

工程命名：创建工程时，必须用英文或拼音来命名，不能用中文；虽说用中文命名也可以编译运行，但在有些情况下，会出现莫名其妙的编译错误。例如，在集成第三方插件时，会涉及编译的路径，中文命名的工程，其路径也是中文的，这就有可能造成编译错误。

类名与变量名：类名的首字母需要大写，变量的首字母要小写。

1.8.1　代码的可维护性

对于 iOS 编程，苹果官方发布了一份 Objective-C 编程指南，这是最基础的部分。

开发一款企业级 App，需要考虑到多个因素，如产品质量、开发周期、开发成本，还得特别考虑产品后期的可维护性。在由多人合作的项目中，需要约法三章，避免不必要的麻烦。通常，我们会做以下约定。

- 工程命名：创建工程时，必须用英文或拼音来命名，不能用中文。
- 新创建的文件，在文件历史记录的注释中，要加上文件创建者的名字。
- 常量命名：在常量前面加上字母 k 作为前缀标记；
- 类名与变量名的命名：类名的首字母需要大写，变量的首字母要小写。
- 与业务逻辑相关的 if 语句，务必加上注释。
- 资源文件不要直接拖曳到工程中，而是先创建文件夹，再导入资源文件。

1.8.2　面向对象的编程思想

Objective-C 是一门面向对象的编程语言，我们需要有一种面向对象的思想。对象的声明与使用，是有讲究的，这里给出了几种常见的对象处理方法。

（1）判断 nil 或者 YES/NO 时，最好采用以下判断方式。

```
if (someObject)
{
```

```
    ...
}
if (!someObject)
{
    ...
}
```

而不建议使用以下风格。

```
if(someObject == YES)
{
    ...
}
if (someObject != nil)
{
    ...
}
```

（2）注意区分 NSArray 与 NSMutableArray 的使用，遍历时用 NSArray。

（3）定义属性变量时，如果是内部使用的属性，那么就定义成私有的属性（在.m 文件中声明属性变量）。

（4）在.h 中声明的属性变量，通过 self.引用；在.m 的 class extension 声明的变量，建议以下画线“_”打头。

（5）当用到假数据或 Hard Code（硬编码）的地方，务必加上一行“#warning……”。在产品发布前，统一排查编译出现的 warning，以求做到万无一失。

（6）在添加对象到 NSMutableArray、NSMutableDictionary 时，要添加判空保护。

1.8.3 优先编写轻量级的 ViewController

有过 iOS 项目开发经验的人都知道，在整个 iOS 工程中，最大的文件莫过于那些 ViewController，令人困惑的是，这最大的文件偏偏是复用率最低的。从测试角度讲，重量级的 ViewController 加大了测试的复杂度。

正是基于以上因素，人们才开始关注 ViewController 的“瘦身”，把业务逻辑、网络请求、Views 的代码移到合适的地方，进而提高代码的可读性、降低耦合、提高复用。

要编写轻量级的 ViewController，需要注意以下事项。

（1）把 DataSource 和其他 Protocols 分离出来。比如，UITableView 中的 DataSource 大多是对数组的操作，这时，就可以把与数组操作相关的代码移到单独的类中，可以使用 Block 或者 Delegate 来设置一个 Cell。

（2）把业务逻辑、网络请求放到 Model 中。与业务逻辑相关的代码要放到 Model 对象中。网络请求逻辑也要放到 Model 层中，不要在 ViewController 中做网络请求的逻辑，而是把网络请求封装到一个类中。在这种情况下，ViewController 与网络请求的 Model 怎么交互呢？当然可以通过 Delegate 或 Block 方式交互。

（3）把 View 代码移到 View 层。不要在 ViewController 中构建复杂的 View 层次结构，可以把 View 封装到 UIView 的子类中。这样一来，对代码的重用和测试都带来很大的帮助。

总体来说，ViewController 主要做的事情是与其他关联的 ViewController、Model、View 之间进行通信。ViewController 和 Model 对象之间的消息传递可以使用 KVO、Delegate、Block 和 Notification；当一个 ViewController 需要把某个状态传递给其他多个 ViewController 时，可以使用代理模式处理。

1.9　小结

纵观 iOS 的发展历程，先后经历手动编码、Xib 编程和 Storyboard 编程，如果仅仅考虑页面的实现，确实有多种实现方式，可谓鱼龙混杂，在多人合作完成的项目中，需要编码风格的统一。我始终坚信一点，对一个给定的场景，最佳实现方案仅有一个。判断一种实现方案是否最优，可以从以下四个维度来考量。

- 性能的优劣；
- 适配的复杂度；
- 代码的可维护性；
- 开发效率。

需要说明的是，在性能优化上，总存在一种误区。认为通过手动编码、手动管理内存就能提高性能，用到 Xib 或 Storyboard 就会降低性能，以至到了今天还有人通过手动管理内存的方式来实现。作为程序员，几乎每个人都经历过维护他人代码的痛苦。难道是真的看不懂别人写的代码吗？非也！可以说，代码本身都能看得懂，痛苦之处在于，看不懂别人的套路。为确保产品的持续稳定，我们应该采用主流的编程风格，尽可能避免“野路子”！

第 2 章 视图控制器之间的传值

2.1 通过 Delegate 实现 ViewController 之间的传值

2.1.1 Delegate 概述

Delegate 是委托、代理的意思，它是一种设计模式。因为 Delegate 概念有些抽象，不容易理解，为此，这里设计了一个 Delegate 应用的实例，详细讲述了 Delegate 应用五步曲。

本章我们详细讲述了 Delegate 的关键技术点、Delegate 的应用场景，其目的是为了弄清楚一个概念：难道非用 Delegate 不可吗？可以说，在某些特定的场景下，选用 Delegate 就是最优的方案。

2.1.2 学习 Delegate 的困惑

在 iOS 学习中，最让人感到困惑的，莫过对 Delegate 的理解了。这是因为 Delegate 本身被罩上了一层神秘的面纱。尤其是，当你已经有了一定的编程基础后，再审视这个 Delegate 时，总是感到别扭。这是因为 Delegate 这个名字本身就不容易理解，不管是定义一个 Delegate，还是使用这个 Delegate，从语法上看，总给人怪怪的感觉。

按说，大多编程语言，都遵循一定的编程规律，包括语法、表达式、函数声明。不管是 C++、Java，还是 C#，从语法上看，大同小异。其实，从总体来讲，Objective-C 的语法并没什么特别之处，唯独这个 Delegate 难以理解。再加上一个更加抽象的@Protocol，更让你无所适从。

在 iOS 开发中，搞清楚 Delegate 是需要花些时间的，需要经历一个“悟”的过程。Delegate 本来是软件架构设计的一种模式。对于像手机这样一个有限的设备，我们需要充分考虑：内存要尽量省着用；视图之间的关系要清晰。如果仅仅是一个简单的 App，是体现不出架构优势的。当 App 所要处理的数据是海量的，而且视图之间的关系又颇为复杂时，你将不得不考虑这些问题。

2.1.3　从一道经典的面试题说起

为测评 iOS 初学者对 Delegate 的理解是否到位，我曾准备过一道面试题，有近百人参与过测评。这里，以技术语言描述下这道面试题。

有两个 Scene，分别是 Scene A 和 Scene B。Scene A 上有一个 UIButton（Button A）和一个 UILabel（Label A）；Scene B 上有一个 UITextField（textField）。当单击 Scene A 中的 Button A 时，跳转到 Scene B；在 Scene B 的 textFiled 上输入文字，单击键盘的“完成”键，返回到 Scene A，并在 Scene A 的 Label A 上显示 Scene B 的 textField 所输入的内容。

要求：使用 Storyboard 框架，通过 Delegate 模式来实现，代码力求简洁。

为了便于更加直观地理解，这里给出了一张效果图，如图 2-1 所示。

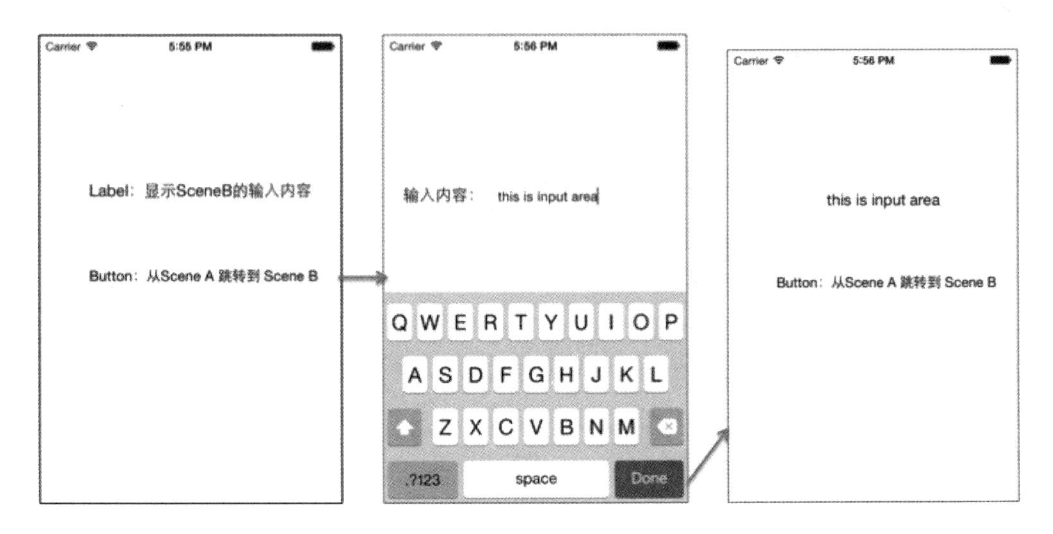

图 2-1　通过 Delegate 实现场景之间的逆向传值

2.1.4　学习 Delegate 常出现的几个误区

大多 iOS 初学者看到这道题的第一反应是：不难。等深入理解这道题寓意之后，发现没那么简单。根据应试者的解答情况，总结下来，有以下几种。

没有完全明白这道题的本意，页面跳转的逻辑原本是 Scene A→Scene B→Scene A，却理解为 Scene A→Scene B。这样一来，把要求简化了很多，即使做出来，也答非所问，没什么意义。

用最原始的编码方式来实现，而没用采用 Storyboard 框架。原本只需十几行的代码，却写了几百行，代码的可读性和可维护性大打折扣。

通过其他方式，实现了这个功能，但没有采用 Delegate 模式。应试者的疑问是：一定得采用 Delegate 模式吗？不用不行吗？关于这个疑问，我们会在收官之时给出答案。

2.1.5 Delegate 技术难点在哪里

这道题有几个技术难点，包括 Storyboard 的应用、Scene 之间的跳转（包括正向跳转与逆向跳转）、数据的交互。综合来看，这道题考察的知识点是如何实现 Scene 之间的逆向传值。

在 Scene 之间跳转的同时，也伴随着数据的交互。数据交互分为：正向传值与逆向传值。正向传值是指从 scene A 跳转到 Scene B 时，将 Scene A 的数据传送到 Scene B，这是容易实现的；但反过来，从 Scene B 返回到 Scene A，将 Scene B 的数据传送到 Scene A，这就是逆向传值，实现起来就没那么简单了。这就好比一道水渠，水从高处流到低处，这是自然现象，无需人工做什么；但反过来，若想把水从低处引导高处，就需要高压水泵，额外要做不少工作。

Delegate 是一个奇特的概念，听起来容易明白，一旦用起来就容易犯“迷糊”。难就难在：Delegate 是一种设计模式，而不是一个简单的关键字，不是一两句话就能彻底弄明白的。

2.1.6 数据逆向传送一定要通过 Delegate 吗

一个 App 是由多个页面构成的，每个页面至少包含一个视图，页面之间是可跳转的，而且在页面跳转的同时，伴随着数据的传递。iOS 提供了多个方法，可以实现页面之间的数据传递。比如：

- 使用 SharedApplication，定义一个类似全局的变量来传递。
- 使用文件，或者使用 NSUserdefault 来传递。
- 通过一个单例（SingleXXX）的 class 来传递。
- 通过 Delegate 来传递。

前面提到过数据存储的方式有五种：User Defaults、Property List、Object archives、SQLite 3，Core Data。通过数据的存储和读取，也能实现数据的传送吧？是的，如果不考虑软件的性能，不考虑软件的可维护性，仅仅是为了实现数据的传送，当然有多种方法，比如，声明一个全局变量，对这个全局变量进行读写操作；还有，先把数据存储在本地文件中，需要时再读取出来。这些方法饶了一个大弯路，因为对本地文件的读取是占用资源的，先存储再读取，也耗费时间。如果说，确实需要将数据存储到本地，那是另一回事。这道命题很明确，仅仅是为了在 Scene A 中显示 Scene B 所输入的数据，尽管实现的渠道有多种，但有一点是肯定的，采用 Delegate 设计模式是最优方案。

为了阐述 Delegate 的运行机制，我们先做了一些铺垫，还是回到这道题上来。接下来，我们将一步步讲述这道题的解答过程，重点在于演示如何通过 Delegate 实现多个 Scene 之间的逆向数据传值。为便于理解，我们将 Delegate 的应用归结为五步曲。

2.1.7 Delcgate 应用五步曲

基于 Single View Application 模板，创建一个工程；在 Storyboard 编辑页面，默认有一个 ViewController。从 Objects Library 中，再选中一个 ViewController，拖曳到 Storyboard 编辑页面中；再分别创建两个类文件：SceneAViewController 和 SceneBViewController；最后做一个关联，将 ViewController 与新创建的类关联起来。

在 Scene A 上，拖放一个 Button 和一个 Label；在 Scene B 上拖放有一个 TextField；对 Scene A 的 Label 进行“Ctrl+Drag”操作，声明 Label 的属性。SceneAViewController.h 代码如下。

```
@interface SceneAViewController : UIViewController
@property (weak, nonatomic) IBOutlet UILabel *showInformation;
@end
```

按照同样的方法，对 Scene B 的 TextFiled 进行“Ctrl+Drag”操作，声明 TextField 的属性。SceneBViewController.h 代码如下。

```
@interface SceneBViewController : UIViewController
@property (weak, nonatomic) IBOutlet UITextField *inputInformation;
@end
```

在详细讲述 Delegate 之前，先把这个工程的基础打好。

创建一个 Segue：选中 Scene A 中的 Button，通过“Ctrl+Drag”操作，向 Scene B 拖曳。在弹出的窗口中，选择 Model 模式。选中这个 Segue，将 Segue identifier 命名为 Segue_ID_AB。先来运行下，你会看到，单击 Button 时会跳转到 Scene B，单击输入框可以接收键盘的输入。

我们的任务是单击键盘的“完成（return）”按钮，返回到 Scene B，并将输入的内容显示在 SceneA 中。

解决的思路就是通过 Delegate 来实现，对于一个 Delegate 应用，通常需要五步来完成。

- 委托者声明一个 Delegate。
- 委托者调用 Delegate 内的方法（Method）。
- 关联委托者与被委托者。
- 被委托者遵循 Delegate 协议。
- 被委托者重写 Delegate 内的方法。

接下来，我们将详细讲述每一步的实现。

第一步：委托者声明一个 Delegate

在 ScenenBViewController.h 文件中，通过@protocol 创建一个 Delegate 并声明一个 Delegate。

```
@protocol SceneBViewControllerDelegate <NSObject>
- (void)sceneBViewController:(SceneBViewController *)sceneBVC
                                     didInputed:(NSString *)string;
@end
@interface SceneBViewController : UIViewController
@property (weak, nonatomic) id<SceneBViewControllerDelegate> delegate;
@end
```

添加这几行代码后，SceneBViewController 便拥有了 Delegate，而且还可以调用 Delegate 中的方法。需要注意的是，这个方法仅仅是一个“空壳”，具体做什么，需要被委托者来实现它。

小贴士：

通常，在用到 Delegate 的地方，都以 Delegate 命名。但这并不意味着所有的 Delegate 一定以 Delegate 来命名。在 UITableview 中，有两个常用的 Delegate: UITableviewDelegate 和 UITableviewDatasource。虽然 UITableviewDatasource 也是一个 Delegate，但它并不是以 Delegate 来命名的。

我们一再强调，Delegate 是一种软件设计模式。在 iOS 中，它是通过@protocol 来实现的。

第二步：委托者调用 Delegate 内的方法

我们的任务是将 Scene B 输入的内容告知 Scene A，这要通过调用 Delegate 内的方法来实现。在 SceneBViewController.m 文件中，添加以下代码。

```
- (BOOL)textFieldShouldReturn:(UITextField *)textField
{
    if (self.delegate)
    {   //如果有了被委托者
        //将 UITextField 内容传递给 Delegate 内的方法
        [self.delegate sceneBViewController:self
                          didInputed:self.inputInformation.text];
        [self.presentingViewController dismissViewControllerAnimated:YES
                          completion:nil];      //让当前呈现的 Scene B 页面消失
    }
    [textField resignFirstResponder];           //让键盘消失
    return YES;
}
```

代码解读

Scene B 中的 UITextField 通过调用 self.delegate 内的方法将输入的内容传递给 Scene A。具

体做法是单击 UITextField 的“Return”键时，通过 textFieldShouldReturn 的调用，从而进一步调用 self.delegate 内的方法。但这个 Delegate 是谁，还不得而知，这是因为被委托者还没有出现。那到底谁是被委托者呢？这就是下一步要做的。

第三步：关联委托者与被委托者

对于委托者来说，只有明确被委托者是谁，并把被委托者的名字告诉给委托者后，才能将二者关联起来。这个关联的时机很重要。我们知道，Scene B 是从 Scene A 跳转而来的，还记得对跳转起决定性作用的 Segue 吧。将 Delegate 与 delegator 关联，从本质上讲，也是一种传值，只不过这是一种正向传值罢了。而 Scene 之间的正向传值，就是发生在 prepareForSegue 中。

这次，我们要在 SceneAViewController.m 文件中添加代码了，如下所示。

```
- (void)prepareForSegue:(UIStoryboardSegue *)segue sender:(id)sender
{
    if ([segue.identifier isEqualToString:@"Segue_ID_AB"])
    {
        SceneBViewController *sceneBVC = segue.destinationViewController;
        sceneBVC.delegate = self;
    }
}
```

这段代码有两个知识点：

（1）通过判断 segue Identifier，得知这是从 Scene A 跳转到 Scene B 的操作。

（2）获取到目标视图控制器（Destination View Controller），并明确告知 SceneB，self（我）就是你的被委托者。这里的 self 就是 SceneAViewController。

小贴士：

委托者，又称之为 Delegator；而被委托者，称之为 Delegate。通常，Delegator 是指那些视图对象（View Object），而 Delegate 是指那些 ViewController。例如，UITableView 是委托者，而 UITableViewController 是被委托者。从这个意义上来讲，委托者与被委托者之间的关系，就是 View 与 ViewController 之间的关系。

第四步：被委托者遵循 Delegate 协议

在 SceneAViewController.h 文件中，添加以下代码。

```
#import "SceneBViewController.h"  //将 SceneBViewController.h 引入进来
@interface SceneAViewController : UIViewController <SceneBViewControllerDelegate>
```

这行代码的作用是：让被委托者（SceneAViewController）遵循委托者的协议。Delegate 内的方法还没实现呢，赶紧实现它吧。

第五步：被委托者重写 Delegate 内的方法

在 SceneAViewController.m 文件中，添加以下代码。

```
-(void)sceneBViewController:(SceneBViewController *)sceneBVC
                                          didInputed:(NSString *)string
{
    self.showInformation.text = string;
}
```

前面谈到，委托者在声明方法时，仅仅是声明了一个“空壳”，这个方法具体干什么用，取决于如何重写它。

在这个方法中，只做了一件事：将 Scene B 中的 UITextField 输入的内容赋给 Scene A 中的 UILabel 并显示出来。

2.1.8 Delegate 优势

通过以上 Delegate 五步曲的演示，我们清楚了 Delegate 的机制。Delegate 实现了不同 Scene（场景）之间的数据交互。Delegate 属于事件驱动的范畴，只有当某一事件触发时，Delegate 才被调用。

在 Cocoa Touch 框架中，虽然数据存储和访问的方式有多种，但 Delegate 所独有的数据交互模式是无可替代的。

在 iOS SDK 中，对 Delegate 最经典的应用有两个控件：UITextfiled 和 UITableview。这也是 iOS 开发最常用的两个控件，尤其是 UITableview，如果你理解了 UITableview，也就掌握了复杂数据的 UI 展示能力。

2.2 通过单例实现 ViewController 之间的传值

单例（Singleton）是一种设计模式，被广泛应用在整个 Cocoa Touch 框架中，从而成为 Cocoa Touch 核心设计模式之一。事实上，苹果开发者库把单例作为“Cocoa 核心竞争力”之一。作为一个 iOS 开发者，我们经常和单例打交道，如 UIApplication、NSUserDefault、NSFileManager 等。我们在开源项目、苹果示例代码中见过了无数使用单例的例子，Xcode 甚至有一个默认的“Dispatch Once”代码片段，可以使我们非常简单地在代码中添加一个单例。

```
+(instancetype)sharedInstance
{
    static dispatch_once_t once;
    static id sharedInstance;
    dispatch_once(&once, ^{
```

```
        sharedInstance = [[self alloc] init];
    });
    return sharedInstance;
}
```

单例设计模式，顾名思义就是只有一个实例，在整个 App 中，确保声明为单例的类只有一个实例。一个单例就是一个全局变量，这个全局变量应用在整个 App 中，任何一个 ViewController 都可以访问（读或写）这个单例类。

大多数程序员都会认为，在程序中大量使用全局变量是一种不良的编程行为。任何一个人都可以随意更改全局变量的值，这样一来，程序理解起来非常困难，难以调试。尤其是在面向对象的编程思想中，不建议过多使用全局变量。这就是说，单例设计模式看上去无所不能，如果不讲究方法，很有可能被滥用。

那么，在哪些应用场景下可以使用单例设计模式呢？通常情况下，只有涉及资源共享，才会使用单例模式。在使用单例时，多会以“shared”（共享的）来命名，如 sharedInstance。通过单例，可以很方便地实现不同 ViewController 之间的数据传递。

在上一个实例中，我们通过 Delegate 实现了不同 ViewController 的传值，接下来，我们看下如何通过单例模式实现数据的共享。

2.2.1 单例的创建

创建一个新文件（类），以 NSObject 为基类。将这个类命名为 MySharedInstance，对应的.h 文件为 MySharedInstance.h。

```
#import <Foundation/Foundation.h>
@interface MySharedInstance : NSObject

//单例中的属性变量
@property (nonatomic , strong) NSString* stringPassed;
//单例类方法，称之为构造方法
+ (MySharedInstance*)sharedInstance;
@end
```

在对应的.m 实现文件 MySharedInstance.m 中，主要是实现“+(MySharedInstance*) sharedInstance”方法。

```
#import "MySharedInstance.h"
@implementation MySharedInstance+ (MySharedInstance*)sharedInstance
{
    //声明一个静态变量，确保单例类的实例在整个 App 中只有一个，而且是唯一的
    static MySharedInstance *_sharedInstance = nil;
```

```
    //声明一个静态变量，确保这个类的实例创建过程只创建一次
    static dispatch_once_t oncePredicate;
    //通过 Grand Central Dispatch (GCD)，执行一个 Block，用来初始化单例类的实例
    dispatch_once(&oncePredicate, ^{
        _sharedInstance = [[MySharedInstance alloc] init];
    });
    return _sharedInstance;
}
@end
```

2.2.2 单例的初始化

既然 Singleton 是一个全局变量，全局变量应该有个初始化的方法，这个方法就是“-(instancetype)init”。当执行“[[MySharedInstance alloc]init]”时，MySharedInstance 中的属性变量 stringPassed 被赋初始化值。在 MySharedInstance.m 文件中，添加以下代码。

```
-(instancetype)init
{
    self = [super init];
    if (self)
    {
        self.stringPassed = @"Singleton initial Value";
    }
    return self;
}
```

还有一种初始化方式，就是在调用 init 时给出初始化值，而不是在 init 方法内初始化。就 Singleton 来说，因为初始化在整个 App 中只发生一次，放在 init 内部或外部，没有什么区别。不过，我们还是了解一下为好。在 MySharedInstance.m 文件中，添加以下代码。

```
+(MySharedInstance*)sharedInstance
{
    static MySharedInstance *_sharedInstance = nil;
    static dispatch_once_t oncePredicate;
    dispatch_once(&oncePredicate, ^{
        _sharedInstance = [[MySharedInstance alloc] initWithValue:
                                              @"Singleton initial Value2"];
    });
    return _sharedInstance;
}

-(instancetype)initWithValue:(NSString *)str
```

```
{
    self = [supor init],
    if (self)
    {
        self.stringPassed = str;
    }
    return self;
}
```

2.2.3　单例设计模式的本质

单例（Singleton）设计模式的本质是，声明为单例的类的实例只有一个，实例是通过类来创建的，这就要求单例类的创建和初始化只能进行一次。乍一看这个过程有些复杂，其实这个套路是现成的，拿来直接就能用，用法也很简单。把想要共享的对象，作为属性变量声明一下就可以了。

创建一个 Singleton 实例，代码量不大，三行代码不可小觑，每行的"含金量"都很高，通过这种方式创建的单例，满足了线程的安全，也满足了静态分析器的要求，同时兼容了 ARC。

在创建单例实例的代码中，有一个函数颇让人好奇，即 dispatch_once。Apple 的官方文档是这样解释的：在整个 App 的声明周期中，这个 Block 只执行一次，而且是唯一的一次。

```
void dispatch_once(dispatch_once_t *predicate, dispatch_block_t block);
```

其中，predicate 参数是指向 dispatch_once_t 的指针，dispatch_once_t 是一个结构体，predicate 用来判断这个 block 是否执行完毕，而且这个 block 只执行一次。我们看到，函数 dispatch_once 在整个 App 生命周期中，仅执行一次 block 对象。这简直就是为单例而生的。这样说来，如果想确保某个初始化的工作仅执行一次，也可以放在这个 dispatch_once 来执行。

现在来总结一下 dispatch_once 的应用。

（1）这个方法可以在创建单例或者某些初始化动作时使用，以保证其唯一性。

（2）该方法是线程安全的，可以在子线程中放心使用。前提是"dispatch_once_t *predicate"对象必须是全局或者静态对象，这一点很重要，如果不能保证这一点，也就不能保证该方法只会被执行一次。

2.2.4　通过单例实现传值

前面讲了单例的创建过程，接下来，我们看看如何通过单例实现 ViewController 之间的传值。传值的场景与 Delegate 章节一样：有两个 ViewControllerA 和 ViewControllerB（简称 A 和 B），A 跳转到 B，在 B 中输入的 UITextField 值，返回到 A；A 中的 UILabel 显示 B 所输入的值。

在 ViewControllerB.m 中，编写以下代码。

```
//单击输入键盘的完成按钮时，触发这个 UITextFieldDelegate 的方法
-(BOOL)textFieldShouldReturn:(UITextField *)textField
{
    MySharedInstance * myInstance =  [MySharedInstance sharedInstance];
    //将输入的文字保存到单例的属性变量中
    myInstance.stringPassed = self.inputInformation.text;
    //ViewControllerB 消失
    [self.presentingViewController dismissViewControllerAnimated:YES
                                                      completion:nil];
     [textField resignFirstResponder];  //键盘释放
   return YES;
}
```

在 ViewControllerA.m 文件中，输入以下代码。

```
//ViewControllerA.m
- (void)viewWillAppear:(BOOL)animated
{
    [super viewWillAppear:animated];
    //获取单例实例
    MySharedInstance *myIntance = [MySharedInstance sharedInstance];
    //将单例中的属性变量（stringPassed）赋给 A 中的 UILabel
    self.showInformation.text = myIntance.stringPassed;
}
```

之所以将 UILabel 的刷新放在 viewWillAppear:方法中，是因为在从 B 返回到 A 时，A 中的 viewDidLoad:方法不再被调用，而 viewWillAppear:方法只要在页面刷新时就会被调用。

在查阅 Cocoa Touch 开发文档时，会发现有很多地方使用了单例类，如 UIApplication、UIAccelerometer 和 NSFileManager，其中，使用最为广泛的莫过于 UIApplication。

2.2.5 单例模式在登录模块中的应用

在实际项目中，单例模式通常用在对用户的管理上，具体来说，单例模式常用在登录模块中。用户完成注册、登录后，App 需要保存用户的属性，如用户名、用户手机号、用户积分、用户的登录状态等。把登录用户用单例模式来创建，登录成功时，给单例赋值。这样就确保了只有一个用户对象存在，在应用程序的其他类里面，都可以共享这个单例。这样一来，在任何地方，都可以获取到登录用户的属性，也可以修改登录用户的属性。而这样的一个用户对象，必然是一个全局的对象，用单例模式来实现，是最合适的。

单纯地声明和实现一个单例并不复杂，有现成的套路可参考，这里给出部分代码片段。基于 NSObject 创建一个 UserInfo 类，UserInfo.h 文件的代码如下。

```
#import <Foundation/Foundation.h>
#import "Singleton.h"

@interface UserInfo : NSObject
singleton_interface(UserInfo)
@property (nonatomic, copy) NSString *user;        //用户名
//声明更多的属性变量......
@end
```

对于单例的声明，我们换一种实现方式，现在通过 Singleton 的宏定义来实现。在 Singleton.h 文件中，添加以下代码。

```
//Singleton.h
#define singleton_interface(class) + (instancetype)shared##class;

//Singleton.m
#define singleton_implementation(class) \
static class *_instance; \
\
+ (id)allocWithZone:(struct _NSZone *)zone \
{ \
    static dispatch_once_t onceToken; \
    dispatch_once(&onceToken, ^{ \
        _instance = [super allocWithZone:zone]; \
    }); \
\
    return _instance; \
} \
\
+ (instancetype)shared##class \
{ \
    if (_instance == nil) { \
        _instance = [[class alloc] init]; \
    } \
\
    return _instance; \
}
```

善用宏定义，可以让代码更加简洁、有效。对于较长的宏定义代码，一定要注意转义字符和反斜杠“\”的用法，虽然看上去怪怪的，但其至关重要，切不可随意删掉。

然后，在对应的 UserInfo.m 文件中，添加以下代码。

```
#import "UserInfo.h"
@implementation UserInfo
singleton_implementation(UserInfo)
//方法实现代码......
@end
```

2.2.6 单例模式的优势

单例模式是一种常见的设计模式。“单”是指唯一性，“例”是指实例化的对象。通过单例模式，可以把某个类的对象声明为系统中的唯一实例。单例模式的优势体现在以下几点。

- 在内存中，只有一个对象，节省内存空间。
- 避免频繁地创建和销毁对象，从而提高性能。
- 避免对共享资源的多重占用。
- 可以当做全局变量来访问。

2.3 通过 KVO 实现 ViewController 之间的传值

谈到 KVO 的同时，必须要谈谈 KVC，二者长得太像了，以至于经常被混为一谈。在 Objective-C（简称 ObjC）中，KVC 是 Key-Value Coding 的简称，中文意思是键值编码；而 KVO 是 Key-Value Observing 的简称，中文意思是键值监听。

KVC 与 KVO 无疑是 Cocoa 提供给我们的一个非常强大的特性，熟练使用 KVC 与 KVO 可以让我们的代码变得既简洁，又易读。但 KVC 与 KVO 所提供的 API 又是比较复杂的，如果不仔细深究，理解起来还是有些困难的。接下来，大家跟我一起来深入认识 KVC 与 KVO 这两个特性吧。

KVC 最强大的功能是，可以自由存取对象的属性值，即使该属性值对外是不可见的（即那些没在.h 中声明的属性或没提供 getter/setter 的私有属性）；KVO 也是基于 KVC 实现的关键技术之一，还有 Cocoa 框架，Core Data 中也都有 KVC 的应用。

2.3.1 什么是 KVC

KVC 是 Cocoa Touch 框架中的一个重要组成部分，它能让我们可以通过 Key-Value 的方式访问 property（属性），不必调用 property accessor。

Apple 的官方文档是这样介绍 KVC 的：KVC 是一种间接访问对象属性的机制，它通过字符串来识别对象的属性，而不是通过调用访问方法，也不是直接访问实例变量。

从本质上来讲，KVC 的操作方法由 NSKeyValueCoding 协议提供，而 NSObject 实现了这个协议，所以只要是继承自 NSObject 的子类，都具有 KVC 功能。

常用的 KVC 操作方法有以下两种：设置对象的属性值和获取对象的属性值。

（1）设置对象的属性值。

- setValue 属性值 forKey：属性名（用于简单路径）。
- setValue 属性值 forKeyPath：属性名（用于复合路径，比如，Person 类有一个 Account 类型的属性，那么 person.account 就是一个复合属性）。

（2）获取对象的属性值：valueForKey 属性名、valueForKeyPath 属性名（用于复合路径）。

还是通过代码来示例吧。假如我们有一个属性变量，名为 firstName，我们来给这个属性变量赋值。

```
self.firstname = @"John";
```

当然，还有一种写法：

```
_firstname = @"John";
```

以上两种方法，我们再熟悉不过了。如果采用 KVC 机制，将会下面这个样子。

```
[self setValue:@"John" forKey:@"firstname"];
```

如果再细心看这行代码，感觉似曾相识。不错，在 NSDictionary 中，经常用到类似的键值对。

其实，KVC 并不神秘，它只是一种特定的访问属性对象的表达方式。在很多场景下，我们已经在使用 KVC 了。例如，在用到 NSDictionary 时，NSDictionary 里面的对象就是由 Key-Value 组成的；与后台的数据交互时，JSON 用的也是 KVC 数据结构。

这就是说，KVC 只是一种访问对象的机制。相比之下，KVO 就是一种设计模式了，这种设计模式，称之为“观察者设计模式”。

2.3.2 什么是 KVO

KVO 是 Key-Value Observing 的缩写，即键值观察。Cocoa 框架通过 KVO 提供了一种机制：当指定的对象的属性发生变化时，该对象的观察者就会收到通知。简单来说，只要被观察的对象的属性发生变化，KVO 就会自动通知相应的观察者。

KVO 是 Objective-C 对观察者设计模式的一种实现。与观察者设计模式对应的是通知机制——NSNotification。KVO 提供了一种让一个对象监听另一个对象的特定属性变化的机制，

这在 MVC 的 Model 层和 Controller 层间通信十分有用。通常情况下，Controller 会监听 Model 对象的属性变化，或者 View 对象会通过 Controller 来监听 Model 对象的属性变化。除此之外，该 Model 对象也可以监听其他 Model 对象或者其自身的属性变化。

在 MVC 设计模式下，KVO 机制很适合实现 Model 模型与 View 视图之间的通信。例如，代码中，在 Model A 中创建属性数据，在 ViewController 中创建观察者，一旦属性数据发生改变，观察者就会收到通知，通过 KVO 机制，在 ViewController 的回调方法中，实现视图的更新。

那么，使用 KVO 有什么好处呢？

- 使用 KVO 最直接的好处就是可以减少代码量。
- KVO 是一种观察者设计模式，有利于业务逻辑在 ViewController 之间的解耦。

2.3.3 KVO 的特点

观察者观察的是属性变量，只有执行力 setter 方法或使用了 KVC 赋值才能执行 KVO 的回调方法，如果属性变量的赋值没有通过 setter 方法或 KVC，而是直接修改属性变量的值，就不会执行回调方法。所以，使用 KVO 机制的前提是遵循 KVC 属性设置方法。

2.3.4 使用 KVO 的步骤

在使用 KVO 中，监听属性变化需要以下几步。

（1）注册观察者，实施监听。使用函数“addObserver:forKeyPath:options:context:”建立观察者和被观察者对象之间的连接，这种连接不是建立在这两个类之间，而是两个对象实例之间。

（2）在回调方法中，处理属性变量发生的变化。为了响应被观察者对象的变化通知，观察者必须实现“observeValueForKeyPath:ofObject:change:context:”方法，该方法定义了观察者是如何对被观察者的变化做出响应的。当被观察的属性发生变化时，“observeValueForKeyPath:ofObject:change:context:”方法会自动调用。

（3）移除观察者。调用“removeObserver:forKeyPath:context:”方法，移除观察者。

2.3.5 KVO 的实现方法

1. KVO 的注册

任意一个对象都可以注册 KVO，当自身的属性发生变化时，通知到该对象的监听者。这个过程大部分是内建的、自动的、透明的。KVO 的机制可以很方便地使用多个监听者监听同一属性的变化。

注册通知使用“addObserver:forKeyPath:options:context:”方法实现，接下来看看各个参数的含义，注册 KVO 的函数定义如下。

```
- (void)addObserver:(NSObject *)anObserver
        forKeyPath:(NSString *)keyPath
           options:(NSKeyValueObservingOptions)options
           context:(void *)context
```

anObserver 指注册 KVO 通知的对象，明确谁是观察者。观察者必须实现的回调方法“observeValueForKeyPath:ofObject:change:context:”。这个回调方法用来监测被观察对象的变化，从而做出响应。

keyPath 为被观察者的属性，该值不能为 nil。keyPath 类型是一个字符串类型，而编译器无法检查字符串的拼写错误，为此，我们把 keyPath 声明为一个常量或宏定义。

options 是 NSKeyValueObservingOptions 定义的常量值的组合，这些值指定了在发出的观察通知中会包含哪些东西。不同的指定值会导致观察通知中包含的值不同。参数 options 的值决定了传向“observeValueForKeyPath:ofObject:change:context:”的 change 字典包含的值，如果传值为 0，表示没有 change 字典值。NSKeyValueObservingOptions 的定义可参考它的参数说明。

context 的值可以是任一数据值，会在“observeValueForKeyPath:ofObject:change:context:”中传递给 anObserver，这个参数值与“observeValueForKeyPath:ofObject:change:context:”的 context 参数的值相等。关于 context 参数，其作用是用来标识观察者的身份，在多个观察者观察同一键值时，尤其在处理父类和子类都观察同一键值时非常有用。

2. 实现 KVO 的回调

注册 KVO 之后，观察者需要实现“observeValueForKeyPath:ofObject:change:context:”其实现类似于：

```
-(void)observeValueForKeyPath:(NSString    *)keyPath    ofObject:(id)object
change:(NSDictionary<NSString*, id> *)change context:(void *)context;
```

这里的 keyPath 是相对于被监听对象 object 的键路径；object 是键路径 keyPath 所属对象，即被监听对象；change 用于描述被监听属性的变化信息；context 在注册 KVO 时由监听者提供，用法参考以上对 context 的描述。

3. 移除 KVO 观察者

当一个观察者完成了对某个对象的监听后，观察者的使命也就结束了。这时，需要调用“removeObserver:forKeyPath:context:”方法来移除观察者。该方法经常在“observeValueForKeyPath:ofObject:change:context:”被调用，或者在 dealloc 方法中被调用，其目的就是移除之前注册的观察者。

有时候，会出现这样的场景，本想调用“removeObserver:forKeyPath:context:”函数来移除一个观察者对象，但这个观察者对象可能没有注册，或者已经在别处被移除了，这时候，会

抛出一个异常。Objective-C 没有提供一个内建的方式来检查对象是否注册，我们只能采用常规的异常处理机制——@Try 和@Catch，代码如下。

```
-(void)observeValueForKeyPath:(NSString *)keyPath
                     ofObject:(id)object
                       change:(NSDictionary *)change
                      context:(void *)context
{
    if ([keyPath isEqualToString:NSStringFromSelector(@selector(isFinished))])
    {
        if ([object isFinished])
        {
            [object removeObserver:self forKeyPath:NSStringFromSelector(
                                               @selector(isFinished))];
        }
        @catch (NSException * __unused exception) {}
    }
}
```

KVO 的应用场景主要体现在监听对象的变化上，那么如何通过 KVO 实现不同 ViewController 之间的传值呢？

4．通过 KVO 实现传值

传值的应用场景与 Delegate 章节一样，有两个 ViewControllerA 和 ViewControllerB（简称 A 和 B），A 跳转到 B，在 B 中输入的 UITextField 值，返回到 A；A 中的 UILabel 显示 B 所输入的值。

只要用到 KVO，就就需要遵循 KVO 的三步法：注册 KVO、实现 KVO 的回调、移除 KVO 观察者。

（1）注册 KVO：在 SceneAViewController.m 文件中，添加以下代码。

```
#import "SceneAViewController.h"
#import "SceneBViewController.h"
@interface SceneAViewController ()
//声明一个属性变量，用来获取 viewControllerB
@property (nonatomic,strong) SceneBViewController * vcB;
@end
@implementation SceneAViewController
- (void)prepareForSegue:(UIStoryboardSegue *)segue sender:(id)sender
{
    if ([segue.identifier isEqualToString:@"SceneBViewController"])
```

```
    {
        self.vcB = segue.destinationViewController;
        [self.vcB addObserver:self forKeyPath:@"textValue" options:
                                NSKeyValueObservingOptionNew context:nil];
    }
}
```

在注册 KVO 时，要清楚谁是观察者，谁是被观察者。在这个示例中，ViewControllerA 是观察者，而 ViewControllerB 是被观察者。注册 KVO 的时机很重要，从 A 跳转到 B，必经“prepareForSegue:sender:”通道，所以在“prepareForSegue:”中注册 KVO。

addObserver:self 指定观察者是 self，这个 self 就是 ViewControllerA。

“forKeyPath:@"textValue"”指定被观察的属性对象，这个属性对象应该声明在被观察的 ViewControllerB 中。在 SceneBViewController.m 文件中，添加以下代码。

```
#import "SceneBViewController.h"
@interface SceneBViewController ()
@property (nonatomic,strong) NSString  *textValue;  //被观察的属性对象
@end
```

被观察的属性对象的变化，来源于 ViewControllerB 中的 UITextField 的变化。在 SceneBViewController.m 文件中，继续添加代码。当单击键盘的“完成”按钮时，调用键盘的 Delegate 方法，如下所示。

```
-(BOOL)textFieldShouldReturn:(UITextField *)textField
{

    //将 UITextField 内容赋给被观察的属性对象
    self.textValue = self.inputInformation.text;
     [self.presentingViewController dismissViewControllerAnimated:
                                                    YES completion:nil];
     [textField resignFirstResponder];
    return YES;
}
```

（2）实现 KVO 的回调：在 SceneBViewController.m 文件中，实现 KVO 的回调方法。

```
-(void)observeValueForKeyPath:(NSString *)keyPath ofObject:(id)object
     change:(NSDictionary<NSString *,id> *)change context:(void *)context
{
    self.showInformation.text = [self.vcB valueForKey:@"textValue"];
    [self.vcB removeObserver:self forKeyPath:@"textValue"];
}
```

valueForKey:方法通过单个 Key 获取到与该 Key 对应的单个的属性，Key 是一个字符串，这里的 Key 是 textValue。

（3）移除 KVO：移除 KVO 的方法很简单，只需调用 removeObserver:方法即可，问题是在哪里调用该方法呢？前面谈到，既可以在“observeValueForKeyPath:ofObject:change:context:”中调用，也可以在 dealloc 方法中调用，在这两个地方，都可以移除观察者。在这个示例中，采用第一种方法。在 SceneBViewController.m 文件中，添加以下代码。

```
-(void)observeValueForKeyPath:(NSString *)keyPath ofObject:(id)object
    change:(NSDictionary<NSString *,id> *)change context:(void *)context
{
    //移除观察者，这个观察者是 self，也就是 ViewControllerA
    [self.vcB removeObserver:self forKeyPath:@"textValue"];
}
```

2.3.6 KVO 应用注意事项

KVO 提供了一种机制，当被观察者的对象属性发生变化时，KVO 就会自动通知相应的观察者。使用 KVO 的好处是可以大大减少代码量，其不足之处在于，如果使用不当，会造成 App 的闪退，常见的情况有：

（1）如果没有设定 observer（观察者）监听 key path，调用 removeObsever:forKeyPath:context:就会出现闪退（crash）。

（2）观察者被释放掉了，但没有移除监听，造成闪退。

（3）注册的监听没有移除掉，又重新注册了一遍监听，造成闪退。

在使用 KVO 时，通过代码很难发现，谁在监听哪个对象属性的变化，查找起来比较麻烦。接下来，我们介绍一种更为简易的观察者设计模式——NSNotification。

2.4 通过 NSNotification 实现 ViewController 之间的传值

对象之间的数据交互，可以通过消息发送的方式来实现，消息的发送者必须知道接收者是谁，消息的响应者是谁。在 iOS 中，可以通过广播机制达到这个目的，而 NSNotification 非常符合这种设计模式。

NSNotification，顾名思义就是“通知”的意思。一个对象通知另外一个对象，可以用来传递参数、通信等。对象先向通知中心（NSNotificationCenter）发送一个通知，再由通知中心将接收到的通知分发给“感兴趣”的接收者。

NSNotification 的使用与 KVO 有类似之处，步骤是发送通知、接收通知、移除通知。

2.4.1　NSNotification 的定义

NSNotification 使用了编程思想中常用的观察者设计模式，observer 是 NSNotification 的接收者，发送者发送了通知后，通知的接收者做出相应的处理。查看 NSNotifaction 的定义，它有三个属性。

```
@property (readonly, copy) NSString *name;            //通知的名字
@property (readonly, retain) id object;               //消息传递的对象
@property (readonly, copy) NSDictionary *userInfo;
```

userInfo 是传递的信息，也可以用来传递 NSDictionary 类型的对象。

2.4.2　NSNotificationCenter

从字面上理解，NSNotificationCenter 就是通知中心的意思。从本质上说，NSNotificationCenter 是一个消息通知机制，类似广播。观察者只需要向通知中心注册感兴趣的东西，当发出这个通知时，通知中心就会发送注册这个通知的对象，这样就解决了多个对象之间解耦的问题。Apple 提供了一个专用的 API，这就是 NSNotificationCenter 类，有了它，我们可以很方便地进行通知的注册与移除。

2.4.3　发出通知

发送通知的流程是：通过 NSNotificationCenter 类的 defaultCenter 获取到通知中心，然后通过 postNotificationName 发出通知，发出通知的方法如下。

```
[[NSNotificationCenter defaultCenter] postNotificationName:@"notificationName"
    object:nil userInfo:@{@"key":@"value"}];
```

注意，通过这种方式发出的通知是同步操作，只有当发出的通知执行完毕后，才会继续执行后续的代码。

当通知发出后，会调用以下方法。

```
-(void)getNotification:(NSNotification *)info
{
   NSDictionary *dict = info.userInfo;
}
```

在多线程操作时，发出通知的对象与接收通知的对象，都处于同一个线程。在这个响应的方法中有一个参数“(NSNotification *)info”，这个参数的类型是 NSNotification，这个类型有几个属性。

```
@property (readonly, copy) NSString *name;                //通知的名字
```

```
@property (nullable, readonly, retain) id object;        //消息传递的对象
@property (nullable, readonly, copy) NSDictionary *userInfo;
```

userInfo 这个属性是一个字典，也是最为关键的属性。通常，我们用 userInfo 来传递 NSDictionary 类型的数据。

通知发出去之后，我们再来看下接收通知的过程是怎样的。

2.4.4 接收通知

所有的通知，都是先发送到通知中心（NSNotificationCenter），再由通知中心分发。自然地，接收通知就是从通知中心获取通知的。

NSNotificationCenter（通知中心）是一个单例，所谓单例，可以简单地理解为全局变量。也就是说，在整个 App 的任何地方，都可以访问到这个 NSNotificationCenter。我们可以把通知中心理解为“调度中心”，每个通知都注册在这里。

使用 NSNotification 进行通信时，一般要用 NSNotificationCenter 来负责分发消息，添加观察者接收通知。查看 NSNotificationCenter 的添加观察者的定义为：

```
+ (NSNotificationCenter *)defaultCenter;
- (void)addObserver:(id)observer selector:(SEL)aSelector name:(NSString
    *)aName object:(id)anObject;
```

使用 NSNotificationCenter 时，一般直接使用 defaultCenter 来调用这个默认通知中心。

（1）observer 必须指定，不能为 nil。

（2）接收通知的过滤条件为 name 和 object。如果不指定 name 和 object，则会接收所有的通知；如果只是指定了 name，则会只接收满足 name 的通知；如果只是指定了 object，则会只接收 object 的通知；若二者都指定的话，则只接收同时满足 name 和 object 的通知。

（3）addObserver:方法，从字面意思可以看出，就是添加一个观察者。通常来讲，同一个 observer 只需要添加一次，如果添加多次，就会被调用多次。为避免多次添加，通常的做法是，只要添加一个观察者，就要有一个对应的 remove，以便移除观察者。

2.4.5 移除通知

通知用完之后，一定要记得把通知移除，而且移除的时机很重要。我们知道，所谓注册一个通知，是针对某个对象注册的通知。一般情况下，我们选择在对象的析构函数中将通知移除，既可以一次性地将这个对象中的所有通知移除，也可以逐个地按照通知的 name 一个一个地移除。

只要添加一个通知，不用时就一定要移除这个已经注册的通知。移除通知的方法：

```
- (void)removeObserver:(id)observer;
- (void)removeObserver:(id)observer name:(NSString *)aName object:(id)anObject;
```

- 如果只调用 removeObserver:方法，则会移除某个对象所有的通知。
- 如果指定了 name 或 object，则会移除符合条件的通知。

总的来讲，在使用 NSNotification 时，需要注意一点：在合适的地方添加通知，在不用的情况下要移除通知。具体来说，在 ViewController 中，是按以下方法操作的。

- 在 ViewController 的 init 里面添加通知，在 dealloc 里面删除通知。
- 在 viewWillAppear 里面添加通知，在 viewDidDisappear 里面删除通知。在处理系统键盘相关的通知时，会用到这种方式。
- 也可以在使用时随时添加，不用时再移除。

2.4.6 异步模式下的通知操作

前面谈到，NSNotificationCenter 是一个同步操作。所谓同步操作，是指只有当接收通知的函数执行完毕后，发出通知的对象才能继续往下执行。这样一来，就会有一个明显的等待过程。为解决这一问题，我们引入了通知的异步模式实现方法——NSNotificationQueue。

通知的异步发送模式是指发出通知以后，接着执行后续的代码；至于通知的接收者进行得怎样，通知的发送者不用关心。异步模式下，通知的发送如下所示。

```
NSNotification *notifacation = [[NSNotification alloc]initWithName:
    @"notificationName" object:nil userInfo:@{@"key":@"value1"}];
[[NSNotificationQueue defaultQueue] enqueueNotification:notifacation
    postingStyle:NSPostWhenIdle];
```

我们可以通过 NSNotificationQueue 的 defaultQueue 来获取这个通知队列，然后调用 enqueueNotification 来发出通知；第二个参数 postingStyle 是一个枚举类型，可以是以下三个值。

```
typedef NS_ENUM(NSUInteger, NSPostingStyle)
{
    NSPostWhenIdle = 1,             //空闲时发送
    NSPostASAP = 2,                 //尽快发送
    NSPostNow = 3                   //立即发送
};
```

总体来说，使用 NSNotificationCenter 和 NSNotificationQueue 的最大区别就在于，发出通知的模式不同，前者是同步发送，后者是异步发送。

2.4.7 通过 NSNotification 实现 ViewController 之间的传值

传值的应用场景与 Delegate 章节一样，有两个 ViewControllerA 和 ViewControllerB（简称

A 和 B），A 跳转到 B，在 B 中输入的 UITextField 值，返回到 A；A 中的 UILabel 显示 B 所输入的值。

第一步：发送通知

在 SceneBViewController.m 文件中，添加以下代码。思路是：在 ViewControllerB 中，发送通知给 ViewControllerA，发送的通知附带了 userInfo，这个 userInfo 附带了 UITextField 的内容。

```
- (BOOL)textFieldShouldReturn:(UITextField *)textField
{
    //创建一个 NSDictionary，存放 UITextField 内容
    NSDictionary *dict =[[NSDictionary alloc] initWithObjectsAndKeys:self.
                                    inputInformation.text,@"value", nil];
    //创建一个通知，通知名字是 myNotification
    NSNotification *notification =[NSNotification notificationWithName:
                             @"myNotification" object:nil userInfo:dict];
    //由通知中心发送通知
    [[NSNotificationCenter defaultCenter] postNotification:notification];
    [self.presentingViewController dismissViewControllerAnimated:
                                              YES completion:nil];
    [textField resignFirstResponder];
    return YES;
}
```

第二步：接收通知

在这个示例中，通知的接收方是 ViewControllerA，在 SceneAViewController.m 中，添加以下代码。

```
- (void)viewWillAppear:(BOOL)animated
{
    [super viewWillAppear:animated];
    [NSNotificationCenter defaultCenter] addObserver:self selector:@selector(
                     getNotification:) name:@"myNotification" object:nil];
}

-(void)getNotification:(NSNotification *)text
{
    self.showInformation.text = text.userInfo[@"value"];
}
```

其中，addObserver:self 中的 self 是指 SceneAViewController，name:@"myNotification"是指通知的名称为 myNotification。对于通知的发送者与通知的接收者，确保通知的名称必须是同

一个，而且必须是唯一的，不能有重名的通知名字。在多人项目开发中，为了确保通知名称是唯一的，需要创建一个 ENUM 结构，把所用到通知名称，都放到这个 EMUM 中。

第三步：移除通知

```
-(void)viewWillDisappear:(BOOL)animated
{
    [super viewWillDisappear:animated];
    [[NSNotificationCenter defaultCenter] removeObserver:self name:
                                    @"myNotification" object:nil];
}
```

以上两段代码表明，页面出现时注册通知，页面消失时移除通知。

注意：通知的注册与移除，一定要成双成对地出现，如果只在 viewWillAppear 中 addObserver（注册通知）而没有在 viewWillDisappear 中 removeObserver（移除通知），那么当通知发生时，会造成异常。

2.4.8 NSNotification 与 Delegate 的区别

iOS 经常使用 NSNotification 和 Delegate 来进行页面之间或者类之间的消息传递，其目的是当一种触发条件满足时，唤醒另外一种操作。例如，在同一个 ViewController 中拥有多个视图时，一个视图操作完成后，通过 NSNotification 或 Delegate 唤起另外一个视图。既然 NSNotification 与 Delegate 都可以完成同样的功能，那么二者又有什么区别呢？

NSNotification 是 iOS CocoaTouch 提供的一个消息发送和接收机制，由一个全局的 defaultNotification 来管理应用中的消息机制。通过 iOS 提供的 API 可以看出，它里面使用了一个观察者，通过注册 addObserver 和解除注册的 removeObserver 方法来实现消息的传递。iOS 官方文档指出，在类析构的时候，要通过 removeObserver 来移除观察者，不然就会引发闪退。NSNotification 是一种广播模式，是一对多的，可以在多个地方接收消息的通知。

至于 Delegate，简单来说，就是通过增加一个函数指针，把需要调用的函数通过 Delegate 传递到其他类中，简洁明了，不需要通过广播的形式去实现。注意一点，Delegate 的形式只能是一对一，不能实现一对多。

既然二者存在区别，那么在什么场景下使用 Delegate 和 NSNotification 呢？从效率上看，Delegate 是一个轻量级的设计模式；相对于 Delegate，NSNotification 是一个重量级的设计模式。在应用效率上，Delegate 明显要比 NSNotification 高。二者应用场景如下：

场景一：这里以 A 和 B 为例。A 和 B 可以是视图控制器也可以是视图。A 中拥有 B，从 A 跳转到 B，在 B 中进行一些操作再回到 A，在这种情况下，就可以通过 Delegate 来实现。因为 B 是 A 创建的，在跳转的瞬间，可以把 B 的 Delegate 直接赋给 A。

场景二：A 和 B 是两个不相关的页面或类，A 不知道 B，B 也不知道 A，在这种情况下，通过 Delegate 就没法做到，即便勉强做到，也会很复杂，难点在于 Delegate 的赋值问题。在用到 Delegate 时，会看到这样的代码“viewControllerA.delegate=self;”，这里的 self 就是 Delegate 的赋值，把当前的页面或者类作为 viewControllerA 的被委托者。当两个页面不相干时，找不到赋值的契合点。这个时候，就可以通过 NSNotification 去进行一些消息的传递。

总的来说，当 A 与 B 有直接的关系，一方知道另一方的存在时，用 Delegate；而 NSNotification 通常用于一方不知道另一方的存在，跨模块时使用。二者使用上的差别表现在：使用 Delegate 时，需要多写一些 Delegate 代码来实现，代码量较大；而 NSNotification 只需要定义相关的 NotificationName 就可以很方便地实现消息的发送和接收。可以说，二者各有所长，至于选哪种模式更为适合，这就得看应用场景了。

2.4.9 监听系统自带的 NSNotification

系统里定义了许多的类似 xxxNotification 的名称，只要打开 Xcode，同时按下“command+shift+O”键打开 Open Quickly，输入 NSNotification 或者 UINotification，就可以看到很多以 Notification 结尾的变量定义，通过变量名称的字面意思也可以理解在什么时候触发什么事件，如图 2-2 所示,一般都是通过[NSNotification defaultCenter]来注册、分发和接收通知消息的。

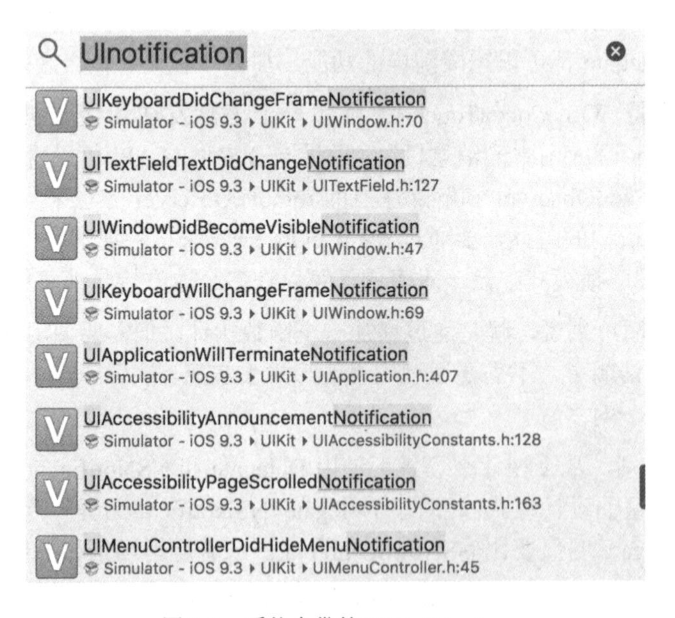

图 2-2　系统自带的 NSNotification

接下来，我们以键盘的弹出和隐藏通知为例，讲述 Notification 的实现过程。

第一步：注册系统监听事件

```
//在 NSNotificationCenter 中注册键盘弹出事件
[[NSNotificationCenter defaultCenter] addObserver:self selector:
                                @selector(keyboardUpEvent:) name:
                                UIKeyboardDidShowNotification object:nil];

//在 NSNotificationCenter 中注册键盘隐藏事件
[[NSNotificationCenter defaultCenter] addObserver:self selector:
                                @selector(keyboardDownEvent:) name:
                                UIKeyboardDidHideNotification object:nil];
//在 NSNotificationCenter 中注册程序从后台唤醒事件
[[NSNotificationCenter defaultCenter] addObserver:self selector:
                        @selector(becomeActive:) name:
                        UIApplicationDidBecomeActiveNotification object:nil];
```

第二步：事件触发后的处理

```
//弹出键盘事件触发处理
-(void)keyboardUpEvent :(NSNotification *)notification
{
   NSLog(@"键盘弹出事件触发");
}

//键盘隐藏事件触发处理
-(void)keyboardDownEvent : (NSNotification *)notification
{
   NSLog(@"键盘隐藏事件触发");
}

//程序从后台唤醒触发处理
-(void)becomeActive: (NSNotification *)notification
{
   NSLog(@"程序从后台唤醒触发处理");
}
```

第三步：在 dealloc 中移除

接收者对象需要在自己的 dealloc 方法中把“自己”移除掉。

```
-(void)dealloc
{
   [[NSNotificationCenter defaultCenter] removeObserver:self];
}
```

2.5 小结

关于视图控制器之间传值，我们花了大量的篇幅，讲解了多种实现方法。在实际项目中，到底采用哪种方法为好呢？如果没有特别的要求，这几种方法都可以用。不管采用哪种方法，在同一项目中，最好要保持思路与方法的统一，尽可能避免多元化。

在产品维护中，经常出现这样的现象：尽管别人写的代码都看得懂，但怎么看怎么觉得很别扭。造成这个现象的根本原因在于编写代码的思路不一致。诚然，解决同一个问题，有多种方案，但对于一个给定的场景来说，最佳方案只有一个。一旦确定了一个方案，就不要再随意更换，在一个项目组里，解决同一类问题时，应该保持解决方案的一致性。

第 3 章 App 与服务器接口的定义

3.1 关于 JSON 的认识

JSON 是 JavaScript Object Notation 的缩写，JSON 是一种轻量级的数据交互格式，它是基于 ECMAScript 的一个子集。JSON 采用完全独立于语言的文本格式，但是也使用了类似于 C 语言家族的习惯（包括 C、C++、C#、Java、JavaScript、Perl、Python 等）。这些特性使得 JSON 能够成为理想的数据交换语言，易于人们阅读和编写，同时也便于客户端和服务器的解析。

先来看一段 JSON 代码示例。

```
{
    "key_1": value,
    "key_2" :["array","of","items"]
}
```

JSON 是基于 JavaScript 语法的一个子集而创建的，正是由于 JSON 的这种特殊来历，我们要正确理解 JavaScript 对象和 JSON 文本格式。

（1）JSON 是纯文本，不是 JavaScript 代码。JSON 是作为 XML 的替代品而出现的，它本身是一种跨平台的数据表示标准，是纯文本字符串，不局限于任何编程语言。JavaScript 代码则必须符合 JavaScript 语言规范，不能在其他语言中直接使用。

（2）JSON 文本是 JavaScript 语言中的合法源代码。由于 JSON 本身选用了 JavaScript 的语法子集，使得 JSON 字符串本身就是合法的 JavaScript 源代码片段。我们来看一段代码。

```
//下面的 JavaScript 代码正好符合 JSON
var person =
{
    "name": "Jack",
    "sex": "male",
```

```
    "age": 18
}
```

然而，我们不能把上面这段代码叫做 JSON，因为它出现在 JavaScript 源文件中，是 JavaScript 代码，不是纯文本，只能把它叫做 JavaScript 对象字面量。

（3）JavaScript 字面量代码不一定是合法的 JSON 文本。所有的 JSON 文本都是合法的 JavaScript源代码片段，反之，不一定成立。因为JSON只是JavaScript的一个子集而已，JavaScript 还有很多部分是不符合 JSON 规范的，比如下面这段代码。

```
//下面的 JavaScript 代码不符合 JSON
var person =
{
    name: "Jack",
    sex:  "male",
    age:  18
}
```

与前一段代码的区别是，尽管我们把包围属性名的双引号去掉了，它仍然是合法有效的 JavaScript 对象字面量代码，但已经不是合法的 JSON 文本了，因为 JSON 要求所有的属性必须加双引号。

不单单是引号问题，JavaScript 中还有很多数据类型也是 JSON 所不支持的，如函数。

```
var person =
{
    "username": "Jack",
    "logon": function()
    {
        alert('logon is successful');
    }
}
```

对于 JavaScript 语法来讲，作为合法的对象字面量，上面这段代码再常见不过了，然而却不是合法的 JSON，因为 JSON 还不支持函数这种数据类型。

作为一种普遍的认知，JavaScript 是一种脚本语言，但它也是基于对象的语言。iOS 与 JavaScript 有它们的共性之处。

- JavaScript 中的对象字面量，对应 iOS 的字典（NSDictionary）。
- JavaScript 中数组字面量，对应 iOS 的数组（NSArray）。

从 JavaScript 角度来看，在对象字面量和数组字面量的基础上，JSON 格式的语法具有很强的表达能力，但对其中的值也有一定的限制。例如，JSON 规定的所有键（Key）及所有的字符串值，都必须包含在双引号中，而且函数也不是有效的 JSON 值。

App 向服务器发送请求，服务器返回的数据只是一个简单的 JSON 格式的字符串。iOS 通过序列化方法来解析这个字符串，并将生成 Objective-C 对象提供相关的方法调用。

3.2 App 与服务器接口的定义

对于一个 App 来讲，一方面实现 UI 的展示，另一方面，就是数据的处理与数据的交互。App 要想保持长盛不衰，内容的持续更新是必需的。而 App 的内容，自然是来自后台。就拿“微信”来说，从 UI 来看，没有什么特别花哨的地方，它的强大之处，就是拥有海量的数据。而这些数据都是来自后台，这就要求 App 与后台之间需要一个合理的、可扩展的接口约定。

3.2.1 App 与后台的接口设计

对于 App 来说，每个接口的定义都是有讲究的。通常的做法是，App 的一个页面需要什么数据，后台就返回什么数据。随着 App 的 UI 不断改版，需要的数据不断发生变化，不停地修改 API，最后当 API 的改动影响到以前版本的时候，只能重写一个全新的 API，同时还得保留原有的 API。严重的 API 缺陷，甚至会影响到用户注册登录。比如，原本用得好好的 App，莫名其妙登录失败，这时候需要升级到新版本才能登录，这种异常就是登录 API 缺陷所造成的。

除了根据页面设计 API，还可以根据 Object（对象）来设计 API。根据 Object 设计 API 也有潜在的问题，一个大 Object 可能包含多个小 Object。问题来了，是一个 API 返回全部的数据对象，还是分为多个 API 返回呢？这没有统一的答案，还得视业务逻辑来定。

通常来讲，请求一次数据的过程，建立网络连接的时间是必不可少的，尤其是网络条件不好的情况下，要尽可能减少请求的次数。这就要求一次请求要获取到合理大小的数据，不宜太少，也不宜太多。我就曾碰到过，在 App 启动时一次加载完 App 所需要的全部数据。在数据请求频次和数据量之间，需要找到最佳平衡点。

3.2.2 后台返回的数据格式

就技术层面而言，App 主要以 UI 和数据呈现为主，对后台的依赖性很大。殊不知，最让人咯噔心跳的 App 闪退，很多时候都是因为后台的原因所触发的。怎么处理空值，对 App 和后台来说尤为重要。不合理的设计，很容易造成 App 的闪退。

从后台角度讲，API 返回的数据中，正确值和空值的类型必须保持一致。举例来说，后台返回的数据格式“{"userName": "notEmpty"}”。

如果用户名为空，应该返回这样的数据“{"userName":"" }”。

空值是指空字符串，空字符串与 null 不同，后台可以返回空字符串，但绝对禁止返回 null

值。Objective-C 是强类型语言，而 null 就是空指针的意思，当一个对象用到空指针又没有采取保护措施时，势必导致闪退（Crash）。

对于 App 来说，必须用一个全局的函数来处理所有后台返回的数据，需要创建一种保护机制：对于 App 需要的数据，如果 API 中缺失，App 会自动补上并给予默认值。这种机制在实践中可以大大减少 App 的闪退。

对于后台来讲，在数据库设计的时候，一个合理的设计必须是所有字段都有默认值，不允许 null 值。null 在大量的语言和数据库中，null 会带来无穷的问题。这个看似再简单不过的设计原则，只有经历了与 App 的对接之后，才会令人更加刻骨铭心！

3.2.3 后台返回的提示信息

App 发出网络请求后，正常情况下，后台返回 App 需要的数据就可以了。但有些情况较为复杂，尤其是用户登录、注册时，后台返回的情况有多种，如登录成功、登录失败、用户名不存在，等等。这样一来，就有两种处理方法。

（1）一种情况是，后台只返回信息代码，具体的文字提示由 App 来决定。比如：

- 后台返回 1，提示“登录成功”。
- 后台返回 2，提示“登录失败”。
- 后台返回 3，提示“该用户不存在”。

当然还有其他情况，这就得看业务的需求了。

（2）另一种情况是，提示信息由后台直接返回。后台返回的信息分为两种，即提示用户的信息和提示 App 程序的信息。这两者的区别是：提示用户的信息要让用户知道，以便告知用户按提示操作；提示 App 自身的信息不需要让用户知道，而是告知 App 程序获取到这样的信息后该做何处理。

后台返回的数据结构，可以通过以下 JSON 格式来展示。当 status 为 0 时，表示成功；当非 0 时，表示异常。如果后台返回的是用户提示信息，App 直接通过 UIAlertView 给出提示即可。

```
{
    status: "0"
    data: [{…},{…},{…}]
    msg: "提示信息"
}
```

3.3 JSON 与 Model 的转换

一个 App 通常要解决两方面的问题，一个是页面的展示与页面之间的跳转，另一个是 App 与后台的数据交互。

当 App 从后台获取到 JSON 数据后，需要通过 App 的 UI 展示出来。我们先来看下直接通过 NSDictionary 读取数据的情况，这里以天气预报为例。

```
//.h 文件中，声明一个 WeatherCellObject 类
#import <Foundation/Foundation.h>
@interface WeatherCellObject : NSObject
@property (nonatomic,copy) NSString * day;
@property (nonatomic,copy) NSString * week;
@property (nonatomic,copy) NSString * image;
@property (nonatomic,copy) NSString * temperature;
@end
```

从 NSDictionary 中读取数据的方式如下。

```
NSMutableArray * retArray = [NSMutableArray array];
WeatherCellObject * obj = [[WeatherCellObject alloc] init];
obj.day =[dict objectForKey:@"days"];                         //日期
obj.week =[dict objectForKey:@"week"];                        //周几
obj.temperature =[dict objectForKey:@"temperature"];          //气温
obj.image=[dict objectForKey:@"weather_icon"];                //图片
[retArray addObject:obj] ;                                    //把对象都添加到数组中
```

从以上代码可以看出，这种读取数据的方式是相当烦琐，而且还有明显的缺陷，一旦要读取的 JSON 中的 Key 不存在，程序便会出现闪退。为避免闪退，App 还需要判断每个 Key 对应的 Value 是否为 nil 或 null。如果用到 JSONModel，这类问题便会迎刃而解。

3.3.1 JSONModel 常见的用法

JSONModel 是一个神奇的 JSON 与 Model 转换框架，它在 Github 上的开源库地址是 https://github.com/jsonmodel/jsonmodel。

JSONModel 能帮助我们快速创建一个数据模型（Model），从而大大减少代码编写的工作量。这里，我们先来介绍下 JSONModel 的使用方法，把 JSONModel 添加到项目中，还是常规的导入方法，直接使用 Cocoapods 导入即可。

```
pod 'JSONModel'
```

JSONModel 的基本使用方法如下。

- 基于 JSONModel，创建一个类。
- 在.h 文件中声明所需要的 JSON Key 值。
- 在.m 文件中，不需要做什么。

假如后台返回的 JSON 数据如下。

```
{"id": "10", "country": "Germany", "dialCode": 49, "isInEurope": true}
```

基于 JSONModel 创建一个 Objective-C 类，类名为 CountryModel。在 CountryModel.h 文件中，将 JSON 中的 Key 声明为对应的属性。

```
//CountryModel.h
#import "JSONModel.h"
@interface CountryModel : JSONModel
    @property (assign, nonatomic) int id;
    @property (strong, nonatomic) NSString * country;
    @property (strong, nonatomic) NSString * dialCode;
    @property (assign, nonatomic) BOOL isInEurope;
@end
```

而对应的 CountryModel.m 文件不需要做任何事情，在调用 Model 时，直接引用 CountryModel.h，就可以把 JSON 转换为对应的 Model 对象，代码示意如下。

```
#import "CountryModel.h"
NSString* json = (从后台获取到的 JSON 数据) ;
NSError* err = nil;
CountryModel* country = [[CountryModel alloc] initWithString:json error:&err];
@end
```

如果后台返回的 JSON 是规范的，那么，这里对应的所有属性都会与 JSON 的 Key 相对应。更为智能的是，JSONModel 会尝试着把数据转换为你所期望的类型。比如：

（1）JSON 中的“"id": "10"”，表明 id 是字符串类型，而 Model 中声明的 id 是 int 类型，这时，JSONModel 会自动将 JSON 中的 id 字符串转换为 Model 中的 id int 类型。

（2）JSON 中的“"country": "Germany"”，表明 country 是字符串类型，而 Model 中的 country 也是字符串类型。这种情况的处理处理最简单，不需要类型转换，直接把 JSON 中的 country 值复制到 Model 中的 country 即可。

（3）JSON 中的“"dialCode": 49”，表明 dialCode 是 numbr 类型；而 model 中，将 dialCode 的属性声明为 NSSting 类型。这时，JSONModel 将自动把 JSON 中的 dialCode 从 number 类型转换为 Model 中的 NSString 类型。

（4）JSON 中的“"isInEurope": true”，表明 isInEurope 是 Bool 类型，而 Model 中的 isInEurope 也是 Bool 类型。只不过 Objective-C 中的 Bool 类型的值是 YES or NO；这种情况下，JSON 与 Model 只需要经过一个简单的转换即可。

在实际项目中，App 与后台接口定义的合理性至关重要。对于 JSON 与 Model 的转换来说，最理想的情况是，Model 中的 Key 与 JSON 中的 Key 一一映射，这样就省去了类型的转换。尽管 JSONModel 提供了智能的转换方式，但任何数据转换都是有开销的。为了避免 JSON 的类型的不确定性带来的干扰，一种最为简单粗暴的方式是，后台返回的所有数据类型都统一定义为字符串类型，这种类型定义如下。

```
{"id": "10", "country": "Germany", "dialCode": "49", "isInEurope": "1"}
```

这样的定义，对于 App 来说处理更为简单，不用担心 isInEurope 是 YES 还是 true。索性，用 1 代表真，0 代表假。

另外，后台在定义 Key 时的命名应尽可能避开使用 id、description 关键字，因为它们在 Objective-C 中有特殊的定义。当然，JSONModel 也能够处理这些关键字，但没有必要刻意地做转换，因为数据数型的转换都是有开销的。

接下来，看几个示例。

（1）最简单的 JSON 数据结构：自动根据 Key 的名称来映射，JSON 数据格式如下。

```
{
   "id": 123,
   "name": "Product name",
   "price": 12.95
}
```

对应 JSONModel 类的属性如下，这里要注意 Key 的类型匹配。

```
@interface ProductModel : JSONModel
   @property (nonatomic,assign) NSInteger id;
   @property (nonatomic,copy) NSString *name;
   @property (nonatomic,assign) float price;
@end
```

（2）JSON 套有字典或数组：这就是所谓的模型嵌套，一个模型内包含有其他模型。

```
{
   "orderId": 100,
   "totalPrice": 13.45,
   "product":
   {
      "id": 123,
      "name": "Product name",
      "price": 12.95
   }
}
```

从 JSON 数据可以看出，这个 JSON 本身是一个字典，而字典内部还嵌有一个字典，product 所对应的字典。JSONModel 能够很好地支持 Model 的嵌套，可以认为一个大的 Model 由多个

子 Model 构成。在这种嵌套的情况下，要先创建子 Model，再一层层往外扩展。具体到这个示例，需要先创建一个子 Model——ProductModel，代码如下。

```
@interface ProductModel : JSONModel
@property (nonatomic,assign) NSInteger id;
@property (nonatomic,copy) NSString *name;
@property (nonatomic,assign) float price;
@end
```

接下来，再把 ProductModel 作为一个 Model 类型，内嵌到它的外一层。创建 OrderModel 的代码如下。

```
@interface OrderModel : JSONModel
@property (nonatomic, assign) NSInteger orderId;
@property (nonatomic, assign) float totalPrice;
@property (nonatomic,strong) ProductModel *product;
@end
```

（3）JSON 中含有数组：例如：

```
{
   "orderId": 104,
   "totalPrice": 103.45,
   "products": [
   {"id": 123,"name": "Product #1","price": 12.95},
   {"id": 137,"name": "Product #2","price": 82.95}
   ]
}
```

当 JSON 中嵌套数组时，该如何创建 Model 呢？这种情况下，数组还是那个数组，只不过数组内嵌的对象是一个 Model，换句话说，这个数组是由 Model 填充的数组，对应的 JSONModel 如下。

```
@protocol ProductModel;
@interface ProductModel : JSONModel
   @property (nonatomic,assign) NSInteger id;
   @property (nonatomic,copy) NSString *name;
   @property (nonatomic,assign) float price;
@end

@interface OrderModel : JSONModel
   @property (nonatomic,assign) NSInteger orderId;
   @property (nonatomic,assign) float totalPrice;
   @property (nonatomic,copy) NSArray <ProductModel> *products;
@end
```

这里要特别注意 NSArray 后面的尖括号所包含的协议<ProductModel>，这个协议是为 JSONModel 工作的，是必不可少的。

3.3.2 JSONModel 的几个属性用法

接下来，我们介绍下 JSONModel 的几个属性用法，常用的属性有 Optional 和 Ignore。

（1）JSONModel 自带有一个有效性检查的功能，如果该后台返回的 Key 没有返回值，而且又是必需的，像下面这么写，就会抛出异常。从 App 运行的角度看，就会出现闪退。

```
@property (nonatomic, strong) NSString *someKey;
```

一般情况下，我们不想因为服务器的某个值没有返回就使程序闪退，为避免这种情况，需要加一个关键字 Optional。

```
@property (nonatomic, strong) NSString <Optional>* someKey;
```

（2）如果后台返回的 JSON 是合理的，那么我们在 Model 中所声明的属性都会自动与该 JSON 值相匹配，并且 JSONModel 也会尝试尽可能地转化成你所想要的数据。

```
@property (nonatomic, strong) NSString *city_id;
```

后台所返回的 JSON 中的 NSInteger 类型，会转换成 Model 所需要的 NSString 类型。

（3）Ignore 属性的用法：标识了 Ignore 的属性，在解析 JSON 数据时，可以完全忽略这个属性变量。一般情况下，忽略的属性主要用在该值不从服务器获取，而是通过手动编码的方式来人工设置。我们来看一段 JSON 数据。

```
{
    "id": "123",
    "name": null
}
```

对应的 Model 是：

```
@interface ProductModel : JSONModel
    @property (assign, nonatomic) int id;
    @property (strong, nonatomic) NSString <Ignore> * customProperty;
@end
```

我们注意到，customProperty 这个属性在 JSON 中没有对应的 Key，因为添加了<Ignore>，这个 Model 的 customProperty 将不会从 JSON 中去获取对应的数据，在进行 JSON 与 Model 转换时，customProperty 将被忽略。在转换完成后，可以通过手动方式，根据业务需要为 customProperty 赋值。

当我们熟悉了 JSONModel 使用方法之后，我们再来看下如何通过 JSONModel 来呈现天气

预报。通过引用 JSONModel，可以大大提高读取后台 JSON 数据的效率，同时还增强了对异常的保护。

我们可以搜到一些开发的天气预报接口，这里给出一段示例代码，后台返回的天气预报数据如下。

```
{
    "weaid": "1",
    "days": "2016-10-16",
    "week": "星期日",
    "cityno": "beijing",
    "citynm": "北京",
    "cityid": "101010100",
    "temperature": "21℃/12℃",
    "humidity": "0℉/0℉",
    "weather": "霾转晴",
    "weather_icon": "http://api.k780.com:88/upload/weather/d/53.gif",
    "weather_icon1": "http://api.k780.com:88/upload/weather/n/0.gif",
    "wind": "无持续风向",
    "winp": "微风",
    "temp_high": "21",
    "temp_low": "12",
}
```

尽管服务器提供的天气预报信息足够多，但 App 不一定需要这么多数据，这时候，就要构建这样的 Model。

```
#import <Foundation/Foundation.h>
#import "JSONModel.h"
@interface WeatherCellModel : JSONModel
    @property(nonatomic,copy)NSString *week;
    @property(nonatomic,copy)NSString *temperature;
    @property(nonatomic,copy)NSString *days;
    @property(nonatomic,copy)NSString *weather_icon;
@end
```

以上 Model 中的 Key 与后台返回的 JSON 中的 Key 类型相一致，这样一来，Model 与 JSON 无须再做数据类型转换。JSONModel 有一个重要的方法：

```
initWithDictionary:(NSDictionary*)dict error:(NSError**)err
```

在读取 JSON 数据时，只需调用这个方法就可以返回 Model 对象，二者的 Key 可以自动对应起来，代码如下。

```
NSMutableArray * retArray = [NSMutableArray array];
WeatherCellModel * obj=[[WeatherCellModel alloc] initWithDictionary:dict
                                               error:nil];
[retArray addObject:obj] ;  //把 Model 对象都添加到数组中
```

3.4 小结

JSONModel 是一个开源库，能够快速地帮助我们实现 JSON 到 Model 的转换。类似的 JSONModel 的开源库，还有 Mantle。它们都是用来转换 JSON 与 Model 的。使用这些开源库，直接向服务器发起一个请求，后台返回的就是一个 Model。

使用 JSONModel，可以大大简化代码编写的工作量，更易于代码的维护，从而提升产品的整体性能。

第 4 章

CollectionView 的应用

这里，强烈建议你在熟练掌握了 UITableView 之后，再来学习使用 UICollectionView。毕竟，UITableView 是 iOS 开发中最为常用的控件，而 UICollectionView 是苹果公司在 iOS6 才推出的一种新的数据展示方式。

UICollectionView 是一种集合视图，简称 CollectionView，它是一种网格状视图（Grid View）。CollectionView 的很多概念与 TableView（表视图）相似，相比 UITableView，CollectionView 更加灵活、强大。

每当使用 CollectionView 时，我们常常被它的简洁设计所折服。自定义 CollectionViewLayout 向轻量级 ViewController 设计模式迈出了关键的一步。轻量级的 ViewController 不包含任何与布局相关的代码。实现一个自定义的 CollectionViewLayout，不是一件容易的事，这相当于从头实现一个完整的自定义视图类，需要计算每个 Cell 的位置和大小。

我们需要客观地认识 UITableView 和 UICollectionView，单以 UICollectionView 所擅长的九宫格为例，UITableView 同样可以实现九宫格的布局。单纯比较它们哪个更为强大是没什么意义的。客观来讲，二者没有绝对的优劣之分，尽管 CollectionView 诞生于 iOS 6.0，它也不是为取代 TableView 而生的。可以说，二者各有千秋，相得益彰。我们需要掌握的是，UITableView 更适用于普通的列表，比如 iOS 电话簿；而 UICollectionView 更适用于瀑布流。

4.1 CollectionView 与 TableView 孰优孰劣

4.1.1 TableView 的应用场景

单列的视图。不管每一行有多少元素，只要是单列，就要用 TableView。前面讲到，用 TableView 也能实现多列，但操作会非常麻烦。原因在于，TableView 的每一行对应一个单击事件，当一行有多个按钮时，只能通过按钮的不同 Tag 值来区分哪个被单击，以至于处理起来非常麻烦。

4.1.2　CollectionView 的应用场景

多列的视图，尤其是瀑布流。CollectionView 单击事件的元素是 Item，不是按行来区分的，当每个 Item 的布局大小不一、错落有致时，这就是典型的瀑布流布局。为达到这种实现效果，就必须采用 CollectionView 布局。

需要特别指出的是，用 CollectionView 可以很轻松地实现单列的布局。

4.1.3　CollectionView 与 TableView 概念对比

从概念层面，CollectionView 与 TableView 对比如表 4-1 所示。

表 4-1　CollectionView 与 TableView 对比

对比项	CollectionView	TableView
类名	UICollectionView	UITableView
控制器	UICollectionViewController	UITableViewController
可复用单元格	UICollectionViewCell	UITableViewCell
头部	UICollectionReusbleView	UITableViewHeaderView
尾部	UICollectionReusbleView	UITableViewFooterView
布局	UICollectionViewLayout、UICollectionViewFlowLayout	无
数据源	UICollectionViewDataSource	UITableViewDataSource
委托	UICollectionViewDelegate	UITableViewDelegate
滚动方向	水平或垂直	垂直

4.1.4　CollectionView 与 TableView 的性能对比

FlowLayout 可以用来实现一个标准的网格视图（Grid view），这也是 Collection View 最为常见的应用场景，尽管大多数人都这么想，但 Layout 类并不是命名为 UICollectionViewGridLayout，而是给了一个更为通用的术语：Flow Layout。这正是 Apple 的明智所在，Flow Layout 更好地描述了该类的能力：它通过一个接一个地放置 Item 来建立自己的布局，Flow Layout 也可以在单行或单列中布局 Cell。实际上，UITableView 的布局可以想象成 Flow Layout 的一种特殊情况。

4.2　什么是 UICollectionView

我们可以把 UICollectionView 理解成多列的 UITableView，UICollectionView 是 UIScrollView 的子类。当需要一个多列的 Cell 时，直接用 UICollectionView 来实现最为简单不过了。在一个 CollectionView 中呈现多列 Cell 时，其布局是一种流水式排序，如图 4-1 所示。

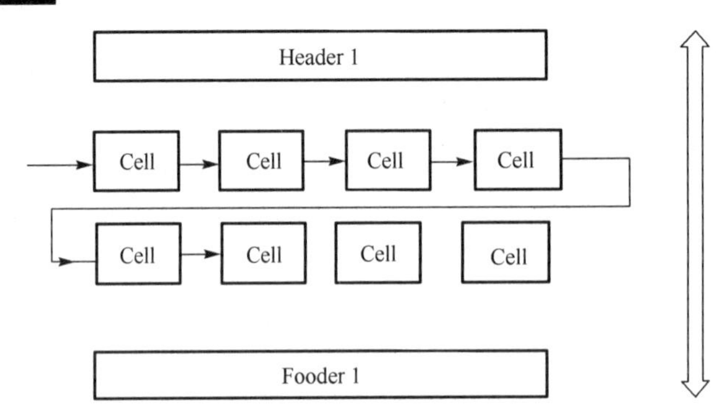

图 4-1　在一个 CollectionView 中呈现多列 Cell

简单的 UICollectionView 就是一个 GridView，以多列的方式来呈现数据。一个标准的 UICollectionView 包含三部分，它们都是 UIView 的子类。

（1）Cell：用于展示内容的主体，对于不同的 Cell，可以指定不同的尺寸大小和不同的内容。

（2）Supplementary Views：字面意思是“补充、追加”的视图。在 UICollectionView 的 Section 中，我们可以为其增加 Header View 和 Footer View，这就是苹果官方文档中提到的 Supplementary View，它是一个可重用的视图（UICollectionReusableView）。我们可以创建 UICollectionReusableView 的两个子类：一个是 Header View，另一个是 Footer View。

（3）Decoration Views：字面意思是“装饰”视图，这是每个 Section 的背景。

不管一个 UICollectionView 的布局如何变化，这三个基本元素都是存在的，即使再复杂的 UICollectionView，也不过是多个 View 的叠加。

4.3　实现一个简单的 UICollectionView

CollectionView 的工作流程如图 4-2 所示。

当 UICollectionView 显示内容时，先从 DataSource（数据源）获取 Cell；然后交给 UICollectionView；再通过 UICollectionViewLayout 获取对应的 Layout Attributes（布局属性）；最后根据每个 Cell 对应的 Layout Attributes（布局属性）来对 Cell 进行布局，生成最终的界面。而用户交互的时候，都是通过 Delegate 来进行交互的。

或许有人会问，布局属性是什么？可以这样理解：collectionView 的每一个 Cell 都会有一个 Layout Attributes（布局属性），它记录着每一个 Cell 的特有属性。通过这些属性，就可以在 CollectionView 范围内的给定位置、给定大小画出一个 Cell，而 UICollectionViewLayout 就是用来设置 Layout Attributes 的。

实现一个 UICollectionView 与实现一个 UITableView，从本质上讲是一回事，没什么大的

区别。它们同样都是基于 Data Source 和 Delegate 设计模式的：Data Source 为 View 提供数据源，告诉 View 要显示什么以及如何显示；而 Delegate 提供用户交互的响应。为便于理解，我们讲解 UICollectionView 的同时，会对比 UITableView 的使用。

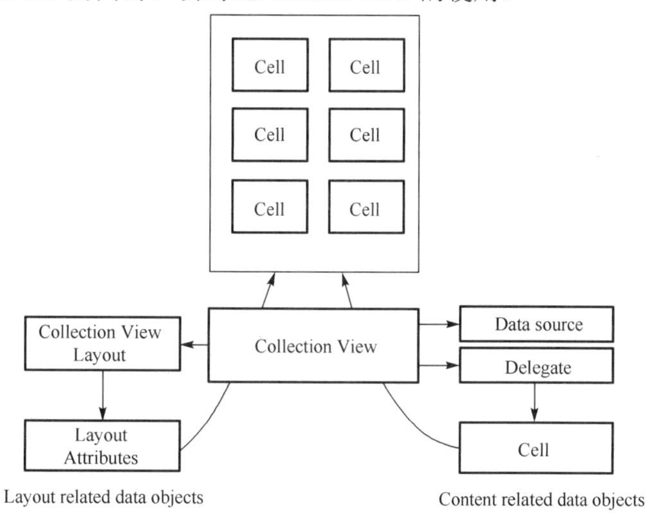

图 4-2　CollectionView 的工作流程

4.4 UICollectionViewCell 视图层级

相对于 UITableViewCell 来说，UICollectionView 显得更为简单而实用。首先，UICollectionViewCell 不存在多种默认的 style，它原本是为图片展示而生的，大部分情况下，更偏向于图片而非文字。iOS SDK 提供的默认 UICollectionViewCell 结构相对比较简单。从视图的层级来看，最下层是 Cell 本身作为容器的 View；其上是一个大小自动适应整个 Cell 的 backgroundView，用于 Cell 默认的背景；再往上是 selectedBackgroundView，是 Cell 被选中时的背景；最上层是一个 contentView，自定义的内容就是加在这个 View 上的。UICollectionView 的视图层级，如图 4-3 所示。

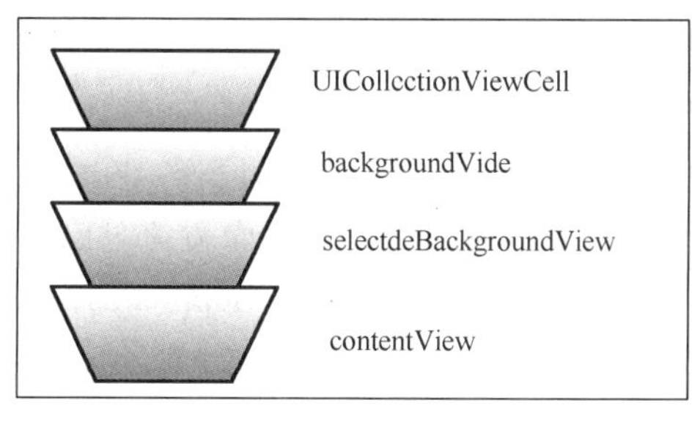

图 4-3　UICollectionView 的视图层级

与 UITableView 不同的是，当 UICollectionView 中的 Cell 被选中时，会自动发生变化。所有 Cell 中的子 View，也包括 ContentView 中的子 View，当 Cell 被选中时，会自动检查 View 的选中状态是否发生了改变。例如，在 ContentView 中加了一个与 Normal 和 Selected 对应的 ImageView，当选中这个 Cell 的同时，该 ImageView 图片会自动从 Normal 变成 Selected，从而不再需要任何额外的代码。

4.5 UICollectionViewDataSource

对于 datasource 来说，应该为 UICollectionView 提供以下信息：

（1）section 的数量，对应的方法是：

```
-numberOfSectionsInCollection:
```

（2）每个 section 里面有多少个 Item，对应的方法是：

```
-collectionView:numberOfItemsInSection:
```

（3）对于某个位置，应该显示什么样的 Cell，对应的方法是：

```
-collectionView:cellForItemAtIndexPath:
```

以上三个方法的执行是有顺序的，而且也合乎常理：先是确定一个 UICollectionView 有多少个 Section；接着明确每个 Sectoin 里面有多少个 Item；最后给出每个 Item（或者说 Cell）应该显示的内容。UICollectionView 的这三个方法与 UITableView 的使用是相似的。只要实现了这三个委托方法，基本上就可以保证一个 UICollectionView 正常工作了。

除此之外，UICollectionViewDataSource 还为 Supplementary View 提供了一个方法，如下。

```
-collectionView:viewForSupplementaryElementOfKind:atIndexPath:
```

对于 Decoration Views 所需要的方法，并不在 UICollectionViewDataSource 中，而是由 UICollectionViewLayout 类直接提供。这倒容易理解，毕竟 Decoration View 只是起到“装饰”作用，仅仅与视图相关，而与数据无关，自然也不需要 Data Source 为它做什么。

4.6 关于 Cell 的重用

在用到 UITableView 时，Cell 的重用是必需的；同样，在使用 UICollectionView 时，为了得到高效的 View，也必须遵循 Cell 的重用机制，从而避免对象的重复创建与销毁。值得注意的是，在 UICollectionView 中，不仅 Cell 可以重用，Supplementary View 和 Decoration View 也同样可以被重用。

对于 Cell 的来源，有以下两种创建的方法。

- 创建一个可视化的 Xib，拖曳一个 UICollectionViewCell。
- 通过代码方式，创建一个 Cell。

对应地，Apple 提供了两种注册方法。

```
-registerClass:forCellWithReuseIdentifier:
-registerClass:forSupplementaryViewOfKind:withReuseIdentifier:

-registerNib:forCellWithReuseIdentifier:
-registerNib:forSupplementaryViewOfKind:withReuseIdentifier:
```

相比 UITableView，UICollectionView 有两个变化：一是加入了对某个 Class 的注册，这样一来，即使不提供 Nib，用代码生成的 View 也可以被接收为 Cell；不仅仅是 Cell，连 Supplementary View 也可以用注册的方法绑定初始化了。在对 Collection View 的重用 ID 注册后，就可以像 UITableView 那样简单配置 Cell 了，方法如下。

```
-(UICollectionView*)collectionView:(UICollectionView*)cvcellForItemAtIndexPath:
                                                     (NSIndexPath*)indexPath
{
    MyCell *cell = [cv dequeueReusableCellWithReuseIdentifier:@”MY_CELL_ID”];
    //Configure the cell's content
    return cell;
}
```

4.7 UICollectionViewDelegate

UICollectionViewDelegate 是用来处理用户交互的，比如，用户单击了某个 Cell 之后，应给出单击后的响应。常用的有：

- Cell 的高亮。
- Cell 的选中状态。
- Cell 的长按状态。

与 UITableView 相比，在用户交互方法上，UICollectionView 也做了改进。每个 Cell 有了独立的高亮事件和选中事件的 Delegate。用户单击 Cell 的时候，Cell 会按照以下流程向 UICollectionViewDelegate 进行询问。

```
-collectionView:shouldHighlightItemAtIndexPath:
-collectionView:didHighlightItemAtIndexPath:
-collectionView:shouldSelectItemAtIndexPath:
-collectionView:didUnhighlightItemAtIndexPath:
-collectionView:didSelectItemAtIndexPath:
```

从中可以看出，状态控制要比以前灵活些，对应的高亮和选中状态分别由 highlighted 和 selected 两个属性表示。

4.8 UICollectionViewLayout

从前面的讲解来看，感觉不到 UICollectionView 有什么特别之处，Data Source、Delegate、Cell 等，这些都是 UITableView 所喜闻乐见的，那么 UICollectionView 有什么玄妙之处呢？这得从 Collection View 的布局说起。

我们知道，UITableView 的 Cell 是系统自动布局好的，不需要我们再布局；但 UICollectionView 的 Cell（或者说 Item）是需要我们自己布局的。换句话说，UICollectionView 和 UITableView最大的不同在于，UICollectionView有一个强大的布局引擎——UICollectionViewLayout。可以说，UICollectionViewLayout 是 UICollectionView 的中枢，它负责将各个 Cell、Supplementary View 和 Decoration Views 进行统一的组织和调配，为它们设定各自的属性，包括位置、尺寸、透明度、层级关系、形状。

从字面上可以看出，UICollectionViewLayout 决定了 UICollectionView 的布局，在布局之前，一般需要生成一个定制化的 UICollectionViewLayout 子类对象，并将其赋予 CollectionView 的 collectionViewLayout 属性。

如果我们不需要定制化的 UICollectionViewLayout 子类，那么可以直接使用 SDK 所提供的默认的 Layout 对象，这就是——UICollectionViewFlowLayout。

对比 UICollectionViewLayout 与 UICollectionViewFlowLayout，后者多了一个 Flow。这说明，后者是前者的子类，FlowLayout 只是 Layout 其中的一种布局方式。

简单说，Flow Layout 是一个直线对齐的 Layout（布局），我们最常见的 GridView（网格视图）就是一种 Flow Layout 配置。通过 UICollectionViewFlowLayout 属性的设置，可以让 Cell 的布局达到我们所期望的样子。若想布局一个 UICollectionView，需要做以下设置。

（1）配置 Cell 的大小。UICollectionViewFlowLayout 的一个重要属性是 itemSize，它定义了每一个 Item 的大小。通过设定 itemSize，可以改变所有 Cell 的尺寸。如果只想改变某个 Cell 的尺寸，可以使用“collectionView:layout:sizeForItemAtIndexPath:”方法。

（2）间隔。可以指定 Item 与 Item 之间的间隔，也可以指定行与行之间的间隔；既可以整体做设置，也可以对指定的 Item 和 Section 做设置。用到的属性与方法如下。

```
@property (CGSize) minimumInteritemSpacing
@property (CGSize) minimumLineSpacing
-collectionView:layout:minimumInteritemSpacingForSectionAtIndex:
-collectionView:layout:minimumLineSpacingForSectionAtIndex:
```

（3）滚动方向。通过属性 scrollDirection 来设置 Flow Layout 的基本方向，可以垂直滚动，也可以水平滚动，方法如下。

```
UICollectionViewScrollDirectionVertical
UICollectionViewScrollDirectionHorizontal
```

（4）Header 和 Footer 尺寸。Header 与 Footer 尺寸设置方式分为全局与局部，根据滚动方向的不同，Header 和 Footer 的高与宽只有一个会起作用。垂直滚动时，高度起作用；而水平滚动时，宽度起作用。

```
@property (CGSize) headerReferenceSize
@property (CGSize) footerReferenceSize
-collectionView:layout:referenceSizeForHeaderInSection:
-collectionView:layout:referenceSizeForFooterInSection:
```

（5）缩进。

```
@property UIEdgeInsets sectionInset;
-collectionView:layout:insetForSectionAtIndex:
```

行文至此，关于 UICollectionView 的基础知识告一段落了。总的来说，一个 UICollectionView 的实现包括以下三个部分。

- UICollectionViewDataSource（数据源）。
- UICollectionViewLayout（布局）。
- UICollectionViewDelegate（用户的交互处理）。

iOS SDK 提供的 UICollectionViewFlowLayout 已经是一个功能很强的布局方案了，有了这个 Flow Layout，也足以满足我们在项目中的需要。

接下来，将开始项目的实战，通过实例讲解 UICollectionView 的具体应用。

4.9 实现一个简单的瀑布流

有关 UICollectionView 的示例，大多是从单纯图片的布局开始的，而在实际中，应用最为广泛的还是时尚类 App。这里，以 UICollectionView 图片瀑布流的实现为例，效果如图 4-4 所示。

我们先来看一下 UICollectionView 的图片瀑布流的实现。思路是：创建一个 UICollectionView，有两种方法，一种是通过手动代码创建，另一种是通过 Storyboard 的对象拖曳方式创建。在使用 UICollectionView 时，必须实现三个协议：UICollectionViewDataSource，UICollectionViewDelegate、UICollectionViewDelegateFlowLayout。

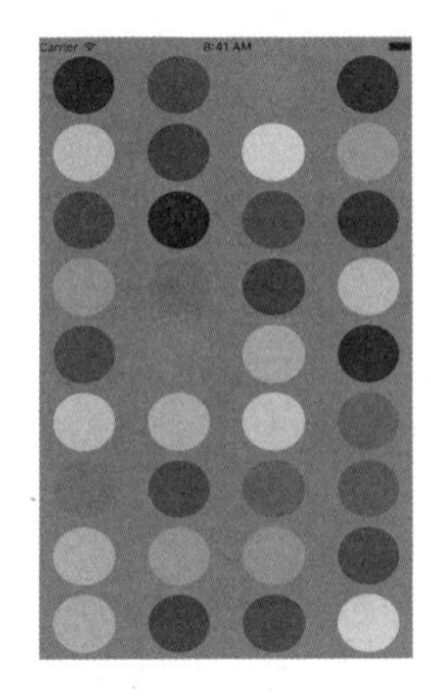

图 4-4　UICollectionView 图片瀑布流的实现

4.9.1　通过手动编码创建 UICollectionView

基于 Single View Application 模板，创建一个默认的工程，我们在默认的 ViewController.h 和.m 文件中完成这个实例。

在 ViewController.h 文件中，添加以下代码，遵循 UICollectionView 的三个代理。

```
//viewController.h
#import <UIKit/UIKit.h>
@interface ViewController : UIViewController <UICollectionViewDataSource,
        UICollectionViewDelegate,UICollectionViewDelegateFlowLayout>
@end
```

在 ViewController.m 中，添加以下代码。

```
#import "ViewController.h"
#define kCellId @"ID_CELL"
@interface ViewController ()
@end
@implementation ViewController
- (void)viewDidLoad
{
    [super viewDidLoad];
    //创建一个 Flow LayOut 对象
    UICollectionViewFlowLayout *flowLayout = [[
                              UICollectionViewFlowLayout alloc]init];
    //设置 Flow Layout 滚动方向为垂直方向
    flowLayout.scrollDirection = UICollectionViewScrollDirectionVertical;
```

```
    //设置 Item 距离顶部、左侧栏、底部、右侧栏的边距
    flowLayout.sectionInset = UIEdgeInsetsMake(20, 20, 20, 20);
    UICollectionView *collect = [[UICollectionView alloc]initWithFrame:
                    self.view.bounds collectionViewLayout:flowLayout];
    //CollectionView 的 Delegate 和 dataSource 设为自身所在的 ViewController,
      这里的 self 是指 ViewController
    collect.delegate = self;
    collect.dataSource = self;

    //设置 CollectionView 的背景颜色
    collect.backgroundColor = [UIColor grayColor];
    //设置可重用的 Cell Identifier，并创建 Collection View 的实例对象
    [collect registerClass:[UICollectionViewCell class]
                                  forCellWithReuseIdentifier:kCellId];
    //将 Collection View 加载到当前的 UIView 之上
    [self.view addSubview:collect];
}
```

代码解读

（1）关于 Cell Identifier 的宏定义。

```
#define kCellId @"ID_CELL"
[collect registerClass:[UICollectionViewCell class]
                                  forCellWithReuseIdentifier:kCellId];
```

Cell Identifier 用了一个宏定义，而没有直接用“@"ID_CELL"”。当然，直接把字符串写在这里也是可以的。当有多个地方需要引用同一个字符串时，最好用宏定义方式。这是因为，编译器无法识别字符串是否正确，用宏定义就避免了因笔误造成的错误。为此，可以定义一个宏。

```
#define kCellId @"ID_CELL"
```

采用宏定义的方法，是没有问题的；不过，我在参考了 Apple 的官方示例后，认为声明一个静态常量才是更为理想的方法。

```
static NSString * const reuseIdentifier = @"Cell";
```

从编译器的角度看，静态常量与宏定义二者肯定是有区别的，但从实际应用的角度看，没有看出有什么异常。尽管如此，我还是深信 Apple 这样做，必有其道理所在，因此，建议把 Cell Identifier 声明为一个静态常量。

（2）关于 UIEdgeInsetsMake 的应用。这个函数有些抽象，应用范围很广，也容易理解。

```
UIEdgeInsetsMake(CGFloat top, CGFloat left, CGFloat bottom, CGFloat right)
```

通过这个函数的四个参数可以推测，该函数与边距有关。这里的 top、left 不是 View 的左上角左边，bottom、right 也不是右下角坐标。需注意的是，这个坐标指定了左侧的 Item 距离左侧栏的边距；右侧的 Item 距离右侧栏的边距；第一行的 Item 距离顶部的间距；最后一行的 Item 距离底部的间距。一旦给定了左右侧的边距，也就确定了行宽。待 Item 的大小确定后，Flow Layout 自动对 Item 进行布局。你可以通过调整 UIEdgeInsetsMake 参数，来感受下不同 Layout 的展示效果。

接下来是 UICollectionView 的 Datasource 方法的重写。

```
-(NSInteger)numberOfSectionsInCollectionView:(UICollectionView *)collectionView
{
    return 1;              //Section 的个数设为 1
}
```

关于 numberOfSectionsInCollectionView:方法，需要说明的是，它只是 Data Source 的一个可选的方法，不是必须实现的。如果不重写的话，默认返回的 Section 是 1。

```
-(NSInteger)collectionView:(UICollectionView *)collectionView
                              numberOfItemsInSection:(NSInteger)section
{
    return 50;                         //每个 Section（分区）共有 50 个 Item
}
- (CGSize)collectionView:(UICollectionView *)collectionView
                 layout:(UICollectionViewLayout *)collectionViewLayout
                 sizeForItemAtIndexPath:(NSIndexPath *)indexPath
{
    return CGSizeMake(60, 60);       //Item 大小设为固定的 60*60（宽*高）
}

- (UICollectionViewCell *)collectionView:(UICollectionView *)collectionView
                         cellForItemAtIndexPath:(NSIndexPath *)indexPath
{
    //获取已经注册的 Cell，并重用之
    UICollectionViewCell *cell = [collectionView
       dequeueReusableCellWithReuseIdentifier:kCellId forIndexPath:indexPath];
    //为了区分 Cell，把 Cell 的背景设为随机的颜色
     cell.backgroundColor = [UIColor colorWithRed:arc4random_uniform(255)/255.0
                                   green:arc4random_uniform(255)/255.0 blue:
                                   arc4random_uniform(255)/255.0 alpha:1];
    //Cell 原本是一个正方形，通过设置圆角的大小，使其成为一个圆形
    cell.layer.cornerRadius = 30;
    return cell;
}
```

这个示例的实现思路很清晰：先通过编码创建一个 UICollectionView 对象，并设置它的属性；再重写它的两个必要的代理方法。这样，一个基本的 UICollectionView 就成型了。

对于一个标准的控件来说，有两种创建方法：手动代码创建和 Storyboard 拖曳。接下来，我们看看如何在 Storyboard 中直接使用 UICollectionView。

4.9.2 直接拖曳一个 CollectionViewController

基于 Single View Application 模板，创建一个工程。单击 Storyboard 文件，进入 Storyboard 页面。在 Storyboard 中操作对象，有一种“四两拨千斤”的感觉，轻轻地几个单击动作，就能解决大量的手动代码。因为这种可视化的操作所产生的代码不直观，以至于不小心就会出现疏漏。为此，推荐使用 Storyboard 三步法：一拖曳、二创建、三关联。

1. 拖曳：是指在 Storyboard 中，从 Object Libray 拖曳一个对象

打开 Storyboard 文件，从 Object Library 中拖曳一个 Collection View Controller，放到 Storyboard 中，如图 4-5 所示。

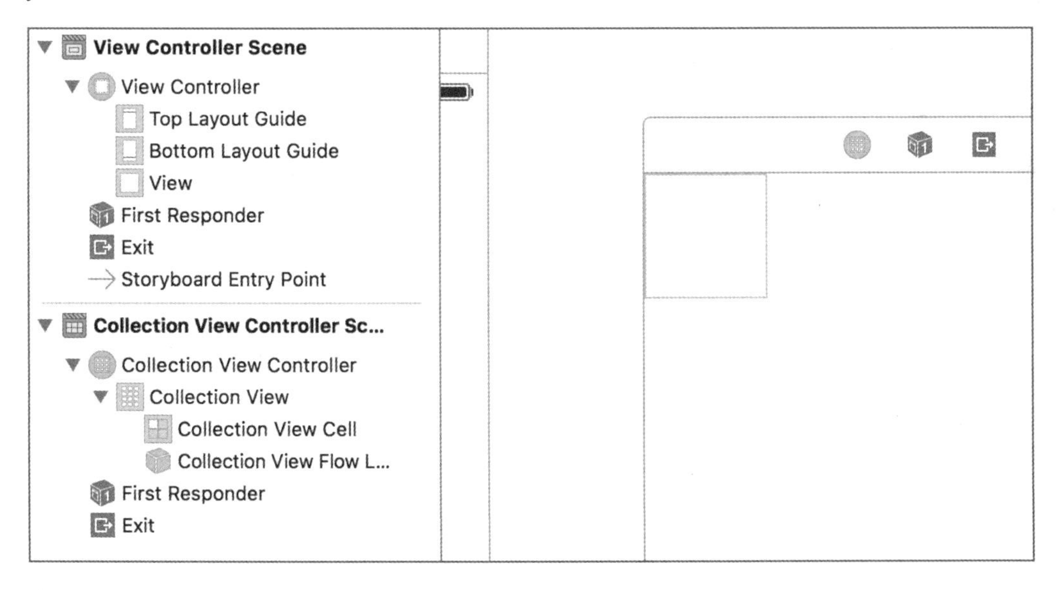

图 4-5 在 Storyboard 中，拖曳一个 Collection View Controller

从图 4-5 中可以看出，即便是一个简单的拖曳，已经自动生成了 Collection View 和 Collection View Cell，以及 Collection View Flow Layout。

在 Storyboard 页面，选中左侧 Document Outline 的 Collection View，在其右侧的 Attributes Inspector 中，可以看到 Collection View 的相关属性，如图 4-6 所示。

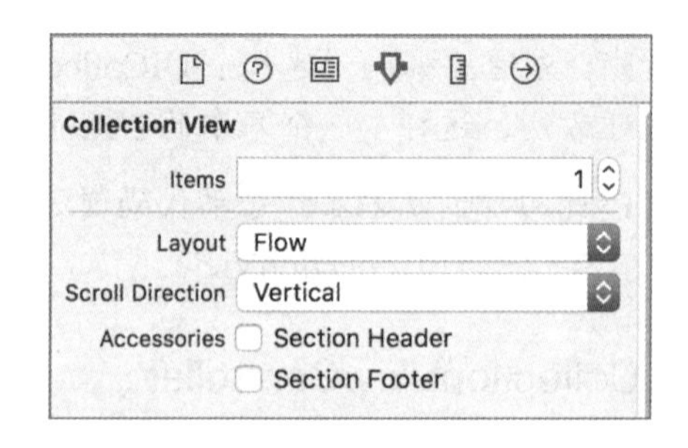

图 4-6　Collection View 的属性

- Items：表示该 Collection View 有多少个 Collection View Cell。
- Layout：通常选择默认的 Flow。
- Scroll Direction：可选择垂直（Vertical）方向或水平（Horizontal）方向。
- Accessories：Section Header 表示 Section 的头部，而 Section Footer 表示 Section 的底部。

需要说明的是，作为 Collection View 的属性，如果是静态的，就可以在 Storyboard 的 Attributes Inspector 设置。更多时候是在代码中完成的，通过重写 Collection View 的 Delegate 方法动态设置它的属性值。

Collection View 的滑动方向（Scroll Direction），默认是垂直方向，它是针对 UICollectionViewFlowLayout 而言的。如果 Layout 是 custom（定制化），也就不存在滑动方向一说了。

垂直方向布局是指，从左向右依次布局，摆放一个 Item 之后，摆放第二个，以此类推。

2．创建：为所拖曳的对象创建一个类

从 Xcode 的菜单栏中，通过 File→New→File…，弹出如图 4-7 所示的窗口。如果你在跟随我们的脚步，这时候要特别注意，我们要创建的类是基于 UICollectionViewController 的子类，所以在 Subclass of 下拉框中，一定要选择 UICollectionViewController。

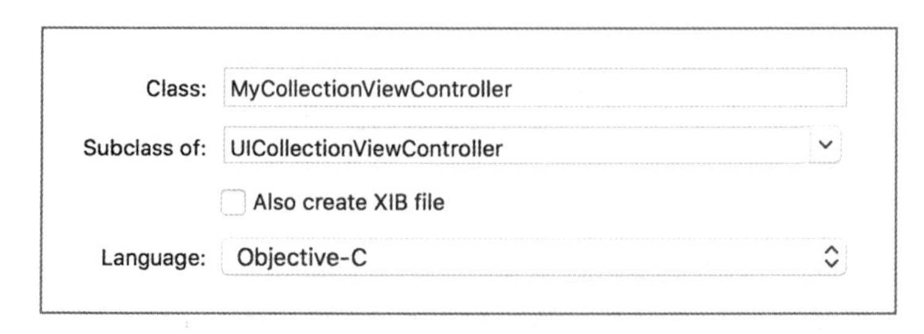

图 4-7　创建类的对话框

此时，生成了两个文件：MyCollectionViewController.h 和 MyCollectionViewController.m。具体代码的编写，后续再讲。这三步操作，最好是一气呵成，免得疏漏造成不必要的麻烦。

3．关联：所创建的类与所拖曳对象的关联

在 Storyboard 的 Document Outline 区域，选中 Collection View Controlle，如图 4-8 所示。

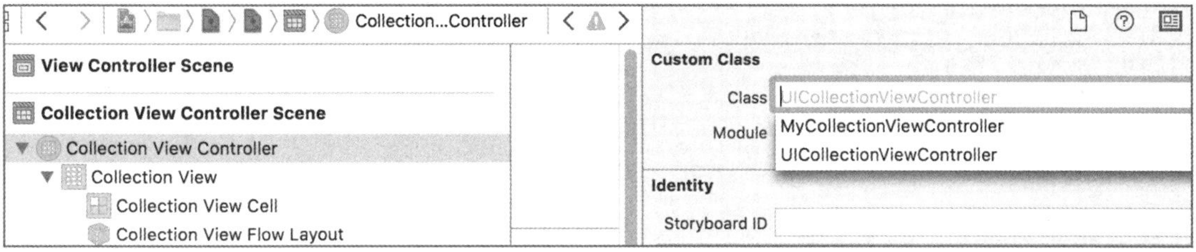

图 4-8　Collection View Controller 的 Identity Inspector

在右侧 Utility 区域，选中 Identity Inpector，并在 Class 下拉框，选中 MyCollection View Controller。这样一来，MyCollectionViewController 便成为了之前所拖曳的 Collection View Controller 的实例对象。

完成了以上三步操作，接下来开始数据的加载与呈现。将 MyCollectionViewController 设为程序的入口。

默认创建的工程入口是 ViewController，我们把入口改为 MyCollectionViewController。修改入口的方法是：可以在 Storyboard 中拖曳入口的箭头，也可以在 MyCollectionViewController 的 Attributes Inspector 中，勾选 is Initial View Controller。

这时，试着运行一下，看到的结果是一个黑屏。毕竟还没有写一行代码呢。打开 MyCollectionViewController.m，可以看到，Xcode 创建了很多默认的代码。

```
//MyCollectionViewController.m
#import "MyCollectionViewController.h"
@interface MyCollectionViewController ()
@end
@implementation MyCollectionViewController
static NSString * const reuseIdentifier = @"Cell";
- (void)viewDidLoad
{
   [super viewDidLoad];

   //Register cell classes
   [self.collectionView registerClass:[UICollectionViewCell class]
                        forCellWithReuseIdentifier:reuseIdentifier];
```

```
}

#pragma mark <UICollectionViewDataSource>
- (NSInteger)numberOfSectionsInCollectionView:(UICollectionView *)collectionView
{
    #warning Incomplete implementation, return the number of sections
    return 0;
}

- (NSInteger)collectionView:(UICollectionView *)collectionView
                          numberOfItemsInSection:(NSInteger)section
{
    #warning Incomplete implementation, return the number of items
    return 0;
}

- (UICollectionViewCell *)collectionView:(UICollectionView *)collectionView
                         cellForItemAtIndexPath:(NSIndexPath *)indexPath
{
    UICollectionViewCell *cell = [collectionView
                         dequeueReusableCellWithReuseIdentifier:
                         reuseIdentifier forIndexPath:indexPath];
    //Configure the cell
    return cell;
}
```

还记得 Collection View 正常工作的几个必要条件吧。先要确定 Section 的个数，再确定每个 Section 所包含的 Item 个数，还要给出要呈现的 Cell。

小贴士：

关于#warning 的使用。我们注意到有几个与警告相关的语句。

```
#warning Incomplete implementation
```

其目的是提醒开发者需要完成 numberOfSections、numberOfItemsInSection 等代理方法的实现，待重写了这个方法之后，就可以放心地把“#warning……”这一行去掉，再编译的时候，就没有警告了。

同理，在开发过程中，对于不确定的，需要引起高度警觉的代码，也可手动插入一行“#warning……”，在编译的时候，提醒自己或他人注意。

在代码规范中，我们约定：当用到假数据或 Hard Code 的地方，务必加上 行“#warning……”。在产品发布前，统一排查编译出现的 warning，以求做到万无一失。

以上是创建工程时默认生成的代码，需要对它进行修改。

- numberOfSections 的返回值设为 1。
- numberOfItemsInSection 的返回值设为 50。

在 collectionView:cellForItemAtIndexPath:方法中，添加以下两行代码。

```
cell.backgroundColor = [UIColor colorWithRed:arc4random_uniform(255)/255.0
    green:arc4random_uniform(255)/255.0 blue:arc4random_uniform(255)/255.0
    alpha:1];
cell.layer.cornerRadius = 30;
```

此时再来运行，你会发现，该有的内容都有了，只不过没有上一个示例那么美观。原因在哪儿呢？或许你已经猜出来了，不错，症结出在 CollectionView 的 Flow Layout 上，目前的 Flow Layout 是默认值，需要做一些定制化的设置。具体操作方法是：打开 Storyboard 文件，在左侧的 Document Outline 中，选中带有黄色标识的 Collection View Flow Layout，如图 4-9 所示。

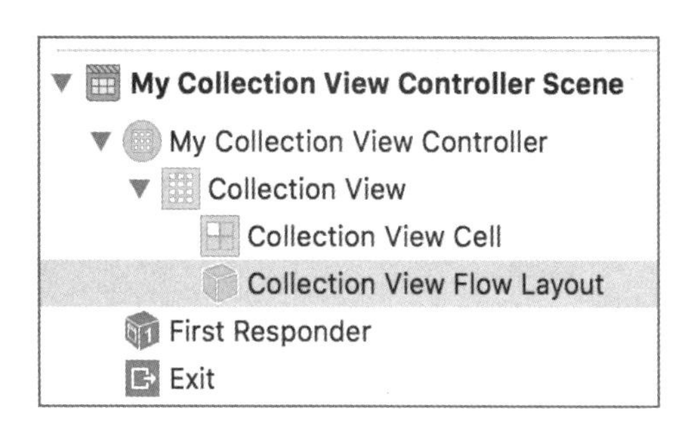

图 4-9　Collection View Flow Layout

在其右侧的 Size Inspector 中，对每一项都要逐个设置，尤其是 Section Insets 项，参考上一个示例中的代码做设置，如图 4-10 所示。

此外，将 Collection View 的背景颜色改为灰色（Gray），再来运行一次，你会发现整个应用的 UI 效果与上一个手动代码示例一模一样。从中可以看出，实现同样的 UI 效果，对比两种实现方案，Storyboard 图形化方案所需编写的代码明显少于手动编码方式。

尽管如此，还有不少程序员欣赏第一种做法，认为第一种方案虽然代码量很多，但 Copy 来、Paste 去，很方便，代码所做的一切一览无余，而图像化设置如果不熟悉，还找不到在哪儿设置呢。

不管怎么说，两种方案都撂在这里了。至于哪种更好，你的地盘你做主！

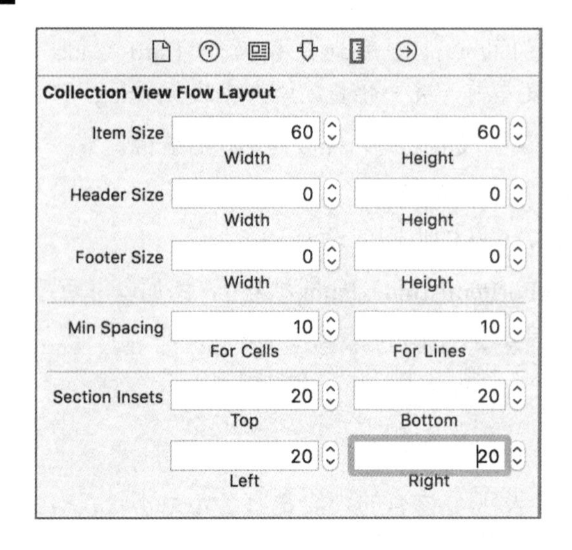

图 4-10　Collection View Flow Layout 大小设置

4.9.3　基于 Xib 创建一个 UICollectionViewCell

如我们所知，CollectionViewCell 本身就是一个 View，既然是一个 View，那么创建的方法就有两种：手动代码方式和 Xib 方式。对于一个规规矩矩的 View，用 Xib 自然要方便很多。接下来，通过 Xib 创建 Collection View Cell，而 Collection View 仍然采用代码方式创建。

提及 Xib 的应用，首先要想到三步法：一创建 Xib 文件、二创建 Class、三关联（将 Class 设为 Xib 的实例）。

1. 创建 Xib 文件

Xib 本身是一个文件，无法从 Object Libray 拖曳，必须通过文件来创建。具体操作：打开 XCode 的菜单栏，选择“File→New→File…”，从 User Interface 中选择 Empty，命名为 MyCell.xib。

再打开 MyCell.xib 文件，从 Object Libray 中拖曳一个 Collection View Cell，并在 Cell 之上添加一个 Label 对象。经过简单的几步操作，Xib 文件算是创建完成了。

2. 创建基于 UICollectionViewCell 的子类

前面已经讲过 Class 的创建方法，只不过要注意的是，在 Subclass of 下拉框，一定要选择 UICollectionViewCell，如图 4-11 所示。

3. 关联

关联是指，把刚刚创建的 Xib 文件与 Class 关联起来，使得 MyCollectionViewCell 成为 MyCell.xib 的实例对象。关联之后，就可以通过对象来控制 Collection View Cell。

Class: MyCollectionViewCell
Subclass of: UICollectionViewCell
Also create XIB file
Language: Objective-C

图 4-11　创建 UICollectionViewCell 的实例类

关联的方法为：打开 MyCell.xib，在 Document Outline 栏，选中 Collection View Cell，在其右侧的 Identity Inspector 中，设置 Class 为 MyCollectionViewCell。

以上三步完成后，接下来就是编写代码了。

为了控制 Collection View Cell 内部的 Label，需要在 MyCell.h 文件中创建该 Label 的属性（Property），通过 Ctrl+Drag 操作完成。在 MyCollectionViewCell.h 文件中，通过 Ctrl+Drag 操作，自动生成以下代码。

```
@property (weak, nonatomic) IBOutlet UILabel *MyCellLabel;
```

通过 Xib 方式实现的 Collection View Cell，相比之前的工程，有两处大的变化。

（1）Cell 的注册方法。先做一个铺垫：为 Collection View 注册 Cell 有两种方法，一种是 registerClass:方法，另一种是 registerNib:方法。

通过 Xib（也称 nib）创建的 Collection View Cell，必须使用 registerNib:方法来注册，所以要在 ViewController 的 viewdidLoad 方法中添加以下代码。

```
[collect registerNib:[UINib nibWithNibName:@"MyCell" bundle:nil]
                                 forCellWithReuseIdentifier:kCellId];
```

（2）Cell 的加载方法。与 MyCell.xib 相关联的类是 MyCollectionViewCell，这个 Xib 就是 Collection View Cell 的数据源。通过 MyCollectionViewCell 来控制 Cell 展示的内容。这类的每个 Cell 都是 MyCollectionViewCell 所创建的实例。

```
(UICollectionViewCell *)collectionView:(UICollectionView *)collectionView
                    cellForItemAtIndexPath:(NSIndexPath *)indexPath
{
   MyCollectionViewCell *cell = [collectionView
     dequeueReusableCellWithReuseIdentifier:kCellId forIndexPath:indexPath];
   cell.MyCellLabel.text = [NSString stringWithFormat:@"cell %li",indexPath.row];
   return cell;
}
```

运行这个工程，效果如图 4-12 所示。

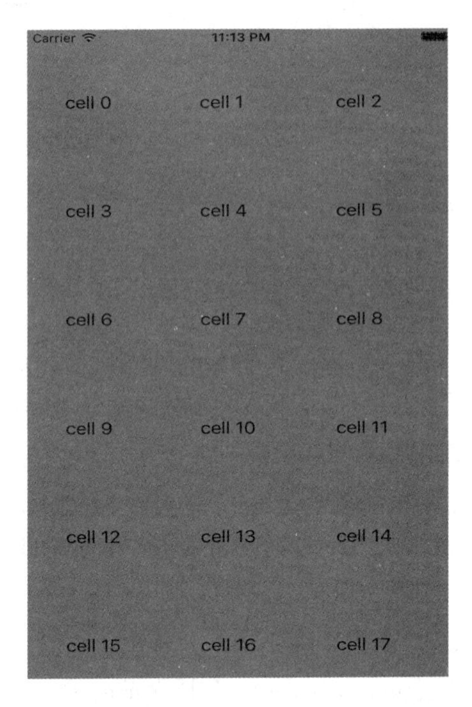

图 4-12　自定义的 UICollectionViewCell 演示效果

4.10　自定义瀑布流的应用场景

在实际应用中，App 所展示的商品图片都是来自后台的。App 一旦涉及图片展示，在定义接口时，就得考虑全面些。作为 App 开发者，总是希望后台提供的图片规整些，要求图片的比例是固定的，如 4∶3（宽度高度比）；这个要求看似简单，实际操作起来很困难。后台内容的发布者，所拿到的图片五花八门，很可能是各种比例的图片。如果要求后台把每张图片都处理成固定的比例，说起来容易，做起来工作量很大。或许，有人认为，不就是写一个程序的事吗？没这么简单。因为图片是一个艺术活儿，满足了固定的比例，失去的是图片的艺术效果，可谓得不偿失。有的图片竖长，有的图片扁平，App 所展示的图片，需要同比例缩放，缩放的是大小，图片的宽高比例保持不变。

4.11　自定义 Flow Layout 进行瀑布流布局

系统提供的 Flow Layout 有一定的局限性，从以上几个示例展示的效果来看，每个 Cell 的样式都是一样的，Item 大小（宽度和高度）是相等的。而在实际应用中，有时会出现 Item 加载的图片大小不一，而且错落有致，整个视图看起来颇有几分灵性。要想实现这种布局，就得通过自定义的 Flow Layout 了。

通过自定义的 Flow Layout，可以创建出更加强大的 UI 布局，这也是 CollectionView 的更为强大之处。

虽然 UICollectionViewFlowLayout 用起来很灵活，但它依然限制在系统为我们提供好的布局框架中，还是有一些局限性。那么，如何进行自定义的 Flow Layout 呢？

首先，我们新建一个类，继承于 UICollectionViewFlowLayout。为简化起见，我们只添加一个属性 itemCount，目的是直接让外界将 Item 的个数传递进来。

```
@interface MyLayout : UICollectionViewFlowLayout
@property(nonatomic,assign)int itemCount;
@end
```

前面提到，UICollectionViewFlowLayout 是一个专门用来管理 CollectionView 布局的类，因此，CollectionView 在进行 UI 布局前，会通过这个类的对象获取相关的布局信息。FlowLayout 类将这些"布局信息"全部存放在一个数组中，这里所说的布局信息就是 UICollectionViewLayoutAttributes 类，这个类是对 Item 布局的具体设置。从字面意思也可以看出来，UICollectionViewLayoutAttributes 类就是 CollectionView 布局的属性。每一个 Item 都独有一个布局属性。FlowLayout 类把所有的 Item 的布局属性都存放起来，具体来说，就是存放到一个数组中。在 CollectionView 进行布局时，会调用 layoutAttributesForElementsInRect:方法来获取这个布局数组，因此，我们需要重写这个方法，用来返回自定义的布局属性数组。

另外，FlowLayout 类在进行布局之前，默认调用 prepareLayout 方法。既然是一个默认的方法，我们就可以通过重写这个方法。所谓的自定义 Flow Layout，就是在这个方法内完成的。

简单来说，自定义一个 FlowLayout 类需要两步。

（1）在 prepareLayout 方法中，设置好自定义的布局。

（2）在 layoutAttributesForElementsInRect 方法中，返回一个由布局属性构成的数组。

4.11.1　自定义瀑布流的应用场景

接下来通过示例讲述一个自定义瀑布流的实现过程，瀑布流的效果如图 4-13 所示。

单纯地实现这样一个效果，有多种实现方法。我们基于这样的一个前提条件：每个框是一个实实在在的图片，图片大小不一，图片的宽高比例也不确定。要实现的效果是：图片分两列展示，需特别注意图片的间距，图片距离左边栏、右边栏、顶部、底部的间隙，图片与图片之间的间隙。

图 4-13　自定义瀑布流效果

4.11.2 自定义瀑布流的实现思路

如何实现这样的一个页面效果呢？我们先来梳理一下思路。

首先，这是一个典型的 CollectionView 的应用；如果采用系统默认的 Flow Layout 来布局，效果又将是怎样呢？可以试着运行一下，看看效果。既然默认的布局无法满足要求，那就要通过自定义的 Flow Layout 来实现；自定义 Flow Layout 要解决的关键技术点有：下一个 Item 摆放在第一列还是第二列，需要根据每一列当前的高度来计算。自定义一个 UICollectionViewCell 子类，返回一个指定大小的 ImageView；考虑不同屏幕的适配。

4.11.3 创建自定义的 Flow Layout

基于 SingleView Application 创建一个新的工程，在 Storyboard 的 ViewController 上，拖曳一个 CollectionView，并生成该 CollectionView 的 IBOutLet。

先来创建一个自定义的 Flow Layout，操作方法：基于 UICollectionViewFlowLayout，创建一个子类 WaterFlowLayout，在 WaterFlowLayout.h 文件中，添加以下代码。

```
#import <UIKit/UIKit.h>
@protocol WaterFlowLayoutDelegate
@required
- (CGSize)sizeForItemAtIndexPath:(NSIndexPath *)indexPath;
@end

@interface WaterFlowLayout : UICollectionViewLayout
@property(nonatomic,assign) NSInteger itemCount;  //存放 Item 的数量


@property (nonatomic, weak) id <WaterFlowLayoutDelegate> delegate;
@end
```

代码中定义了一个 WaterFlowLayoutDelegate，ViewController 通过这个 Delegate 的 sizeForItemAtIndexPath:方法，把每个 Item 的大小告知 WaterFlowLayout，自定义的 Flow Layout 再把每个 Item 属性存放到一个数组中。自定义的 Flow Layout 做了很多事情，但终归到一点，就是返回一个数组对象，这个数组对象包含了每个 Item 的属性。

按照这个思路，我们在 WaterFlowLayout.m 文件中，添加以下代码。

```
#import "WaterFlowLayout.h"
#import "Marco.h"
@implementation WaterFlowLayout
{
```

```
    NSMutableArray * _attriArray;        //存放每个 Item 的布局属性
}

-(void)prepareLayout
{
     [super prepareLayout];
    _attriArray = [[NSMutableArray alloc]init];
    //计算每一个 Item 的宽度
    float WIDTH= ITEM_WIDTH;

    //定义数组保存每一列的高度，该数组用来保存每一列的总高度，这样在布局时，哪列的高度小，
      下一个 Item 就放在哪一列
    CGFloat colHight[2]={0,0};
    //itemCount 是 ViewController 传进来的 Item 个数，通过遍历每个 Item，来设置每一个
      Item 的布局
     for (int i=0; i< self.itemCount; i++)
    {
        //通过 NSIndexPath，设置每个 Item 的位置属性
        NSIndexPath *index = [NSIndexPath indexPathForItem:i inSection:0];
        //通过 indexPath 来创建创建布局属性对象
        UICollectionViewLayoutAttributes * attris =
                                [UICollectionViewLayoutAttributes
                                layoutAttributesForCellWithIndexPath:index];
//这是一个自定义的 Delegate 方法，在程序运行时，这里的 self.delegate 会变为
  ViewController，ViewController 实现了 sizeForItemAtIndexPath:方法的回调，在回
  调方法中，返回 image size，供 Flow Layout 使用
        CGSize itemSize = [self.delegate  sizeForItemAtIndexPath:index];
        CGFloat hight = itemSize.height;

        //判断左右两列的高度，如果左列高度小，下一个 Item 放在左列
        if (colHight[0]<=colHight[1])
        {
            //将新的 Item 高度加入到总高度小的那一列
            colHight[0] = colHight[0]+hight+ITEM_EDGE;
            //设置 Item 的位置
            attris.frame = CGRectMake(ITEM_EDGE, colHight[0]-hight, WIDTH, hight);
        }
        else
        {
            colHight[1] = colHight[1]+hight+ITEM_EDGE;
```

```
            attris.frame = CGRectMake(ITEM_EDGE+(ITEM_EDGE+WIDTH),
                                        colHight[1]-hight, WIDTH, hight);
        }
        [ _attriArray addObject:attris];
    }
}

//返回我们需要的布局数组
-(NSArray<UICollectionViewLayoutAttributes *> *)
                            layoutAttributesForElementsInRect:(CGRect)rect
{
    return _attriArray;
}
@end
```

说明：这里用到了几个宏定义，考虑到有多个地方用到这个宏，单独把它放到一个宏定义文件（Marco.h）中。

```
#define ITEM_EDGE  5.0   //边距
#define ITEM_WIDTH (([UIScreen mainScreen].bounds.size.width-ITEM_EDGE*3)/2)
```

注意：宏定义通常在一行完成，如何需要换行的话，需添加换行符。

Item 的宽度=整个屏幕的宽度-左边距-右边距-两个 Item 的间距，因为两列平分，所以再除以 2 即可。

4.11.4 创建自定义的 CollectionViewCell

基于 UICollectionViewCell，创建一个子类（MyCollectionViewCell），在 MyCollectionViewCell.h 文件中，添加以下代码。

```
#import <UIKit/UIKit.h>
@interface MyCollectionViewCell : UICollectionViewCell
@property (strong, nonatomic)  UIImageView *imageView;
@end
```

为便于演示，避免冗余代码，这个 CollectionViewCell 只添加了一个属性变量 UIImageView，用于显示图片。这个.h 文件较为简单，而对应的.m 文件，多少就有点东西了。CollectionViewCell 有两种创建方法，一种是 Storyboard，另一种是通过手动编码。这里，我们采用手动编码方式，在 MyCollectionViewCell.m 文件中，添加以下代码。

```
#import "MyCollectionViewCell.h"
@implementation MyCollectionViewCell
```

```
- (id)initWithFrame:(CGRect)frame
{
    self = [super initWithFrame:frame];
    if (self)
    {
        self.imageView=[[UIImageView alloc]init];
        [self addSubview:self.imageView];
    }
    return self;
}
```

乍一看这几行代码，不难理解，无非是在当前的 CollectionViewCell 上添加了一个 ImageView 而已。但问题在于，何时调用 initWithFrame:方法，这个方法是干什么用的？

4.11.5　关于 initWithFrame:方法的使用

initWithFrame:方法以 init 打头，从字面意思上理解，就是用来做初始化的。初始化后，根据指定的尺寸（CGRect），返回一个新的视图对象。

有时会对 initWithFrame:方法产生一种模糊的认识，这是因为没有真正搞明白什么时候使用该方法。这里以 UIView 的创建为例，初始化一个 UIView，有两种方法，一种是 Interface Builder 方式，另一种是手动编码方式。

1．使用 Interface Builder 创建 View

这种方式就是创建一个 nib 文件，也称为图形化编程方式，直接“拖曳控件”，所见即所得。用 Interface Builder 所创建的 nib 文件，从本质上讲，是一种资源文件，如 plist 文件、图片、语音、视频等，都属于资源文件。nib 文件存储了应用程序的 UI 对象，供应用程序在运行时读取。

需要注意的是，用 Interface Builder 方式创建 UIView 对象时，initWithFrame:方法是不会被调用的，因为 nib 文件已经知道如何初始化该 View。在拖曳一个 View 时，就定义好了长、宽、背景等属性。

当用 Interface Builder 方式创建 UIView 对象时，如果也想初始化，怎么办呢？自然，也有对应的初始化方法，这就是 initWithCoder:方法的应用，通过这个方法可以重写 nib 中已经设置的各项属性。

2．通过手工编码方式创建 View

通过手动编码方式创建一个 UIView 或者 UIView 的子类时，将调用 initWithFrame:方法来初始化 UIView。

特别注意，如果在子类中重载 initWithFrame:方法，这时必须先调用父类的 initWithFrame:方法，再对自定义的 UIView 子类进行初始化操作。

简单说，通过手动编码创建 UIView 对象时，就会默认调用 initWithFrame:方法。我们在创建 CollectionViewCell 时，就调用了这个方法，返回我们所期望的 Item。

4.11.6 自定义瀑布流的完整实现

在完成了自定义的 FlowLayout 和自定义的 CollectionViewCell 之后，即开始 ViewController 的整合工作。这个 ViewController 的实现，在很大程度上与默认 FlowLayout 的实现过程颇为相似。UICollectionViewDataSource、UICollectionViewDelegate 相关的委托方法，是必须实现的，同时，还得遵循自定义的 WaterFlowLayoutDelegate。

具体来讲，在 ViewController.h 文件中添加以下代码。

```
#import <UIKit/UIKit.h>
#import "WaterFlowLayout.h"
@interface ViewController : UIViewController <UICollectionViewDataSource,
                        UICollectionViewDelegate,WaterFlowLayoutDelegate>
@end
```

在 ViewController.m 文件中添加以下代码。

```
#import "ViewController.h"
#import "MyCollectionViewCell.h"
#import "WaterFlowLayout.h"
#import "Marco.h"
@interface ViewController ()
@property (weak, nonatomic) IBOutlet UICollectionView *MyCollectionView;
@property (strong, nonatomic) NSMutableArray *productList;
@end
@implementation ViewController
- (void)viewDidLoad
{
    [super viewDidLoad];
     self.productList = [[NSMutableArray alloc]init];
    //在工程中，事先导入了 12 张大小不一的图片，图片的名称以 img_0,img_1…命名
    for (int i=0;i<=11;i++)
    {
       NSString *str = [NSString stringWithFormat:@"img_%d.jpg",i];
       //将图片加载到数组中
        [self.productList addObject: str];
```

```
    }
    WaterFlowLayout * layout = [[WaterFlowLayout alloc]init];
    layout.delegate = self;
    layout.itemCount = [self.productList count];
    self.MyCollectionView.collectionViewLayout = layout;
    self.MyCollectionView.delegate=self;
    self.MyCollectionView.dataSource=self;
    self.MyCollectionView.backgroundColor = [UIColor colorWithRed:118/255.0
                              green:254/255.0 blue:221/255.0 alpha:0.2];
     [self.MyCollectionView registerClass:[MyCollectionViewCell class]
                              forCellWithReuseIdentifier:@"cellid"];
}
#pragma mark -- UICollectionViewDataSource
//UICollectionView 被选中时调用的方法
-(void)collectionView:(UICollectionView *)collectionView
                    didSelectItemAtIndexPath:(NSIndexPath *)indexPath
{
    NSLog(@"第%ld Item 被选中", indexPath.row ) ;
}

//返回这个 UICollectionView 是否可以被选择
-(BOOL)collectionView:(UICollectionView *)collectionView
                  shouldSelectItemAtIndexPath:(NSIndexPath *)indexPath
{
    return YES;
}

//定义展示的 Section 的个数
-(NSInteger)numberOfSectionsInCollectionView:(UICollectionView *)collectionView
{
    return 1;
}

//每个 Section 的 Item 个数
-(NSInteger)collectionView:(UICollectionView *)collectionView
                           numberOfItemsInSection:(NSInteger)section
{
    return [self.productList count];
}
```

```
//每个 UICollectionView 展示的内容
-(UICollectionViewCell *)collectionView:(UICollectionView *)collectionViews
                        cellForItemAtIndexPath:(NSIndexPath*)indexPath
{
    MyCollectionViewCell  *cell = (MyCollectionViewCell *)[collectionViews
                        dequeueReusableCellWithReuseIdentifier:
                        @"cellid" forIndexPath:indexPath];
    cell.backgroundColor=[UIColor clearColor];
    UIImage *img =  [UIImage imageNamed:self.productList[indexPath.row]];
    CGSize size=[self getImgSize:img];
    //加载图片
    cell.imageView.image = img;
    //将 imageView 的 frame 设为图片的大小
    cell.imageView.frame=CGRectMake(0, 0, size.width, size.height);
    return cell;
}

#pragma mark -- WaterFlowLayoutDelegate
//自定义的 FlowLayoutDelegate 回调方法，返回图片的 Size，赋给 Flow Layout
- (CGSize)sizeForItemAtIndexPath:(NSIndexPath *)indexPath
{
    return [self getImgSize:[UIImage imageNamed:self.productList[indexPath.
                                                                row]]];
}

//根据传入的图片得到宽、高
-(CGSize)getImgSize:(UIImage *)image
{
    //将图片按同比例（宽：高）缩放
    float rate=(ITEM_WIDTH/image.size.width);
    return CGSizeMake(ITEM_WIDTH, (image.size.height*rate));
}
@end
```

4.11.7 UICollectionView 相关的类图

UICollectionView 类图关系如图 4-14 所示。

从图中可以看出：

- UICollectionView 继承自 UIScrollview。
- 遵循 UICollectionViewDataSource 和 UICollectionViewDelegate 两个协议。

● 管理 UICollectionViewCell。

图 4-15 中貌似还缺点东西，什么呢？对了，就是缺少 Layout。我们需要通过 Layout 对 Cell 和其他的 View 进行布局，如图 4-15 所示。

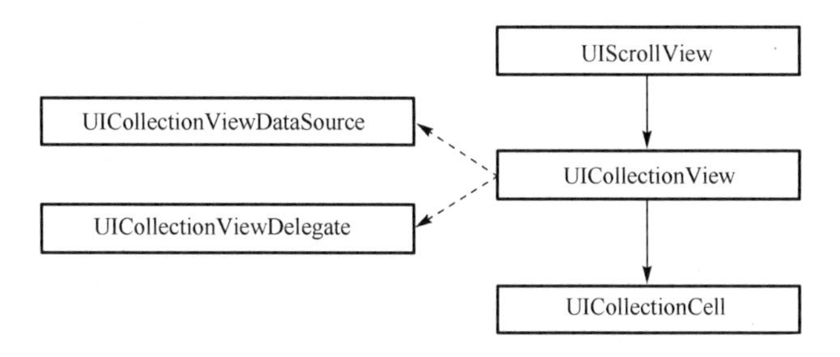

图 4-14 UICollectionView 类图关系

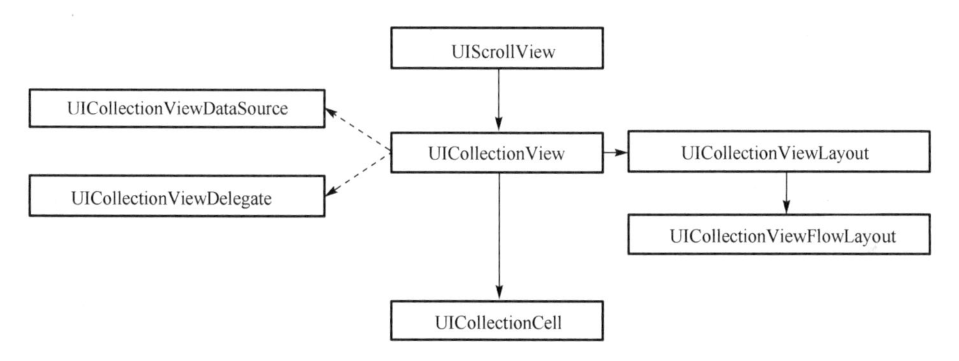

图 4-15 UICollectionViewLayout 类图关系

图 4-15 中多了 UICollectionViewLayout 和 UICollectionViewFlowLayout。UICollectionView 正是因为有了这两个属性，才造就出了绚丽多彩的瀑布流。

4.11.8 如何实现 UICollectionView 的轮播

UICollectionView 的 Layout 如图 4-16 所示，从图中可以看出，UICollectionView 的轮播（banner）所占的位置就是 Supplementary View，这个区域是 UICollectionView 的 Header。

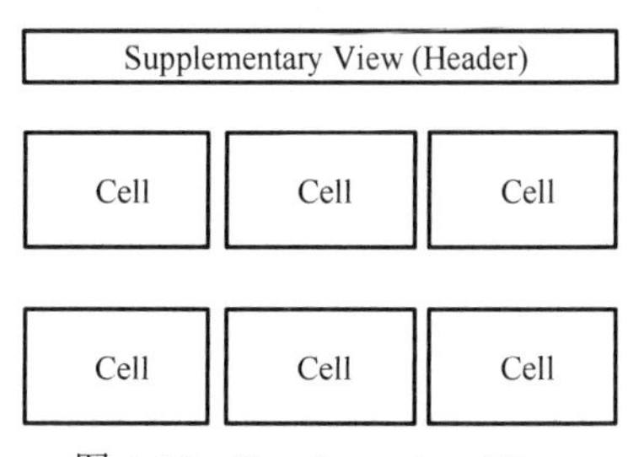

图 4-16 Supplementary View

4.12 CollectionView 与 TableView 的区别

既然 CollectionView 与 TableView 相似度很高，在有些场景下，二者都能做到，比如，单列的 UI 展示。在这种情况下，用哪种方法实现更好呢？从项目开发的经验来看，二者在性能上没有明显的差异，只是它们的应用场景各有千秋。

CollectionView 主要以 Item 为基础单元，每个 Item 不一定占满一行，而 TableView 的 Cell 必须占满一行。以九宫格的实现为例，UITableView 的实现思路是：

- 自定义一个 UITableViewCell。
- 在自定义的 Cell 的 ContentView 上，放置所需要的对象。
- 为每一个放置的对象添加单击事件，而且还要计算好每个对象所在的位置。
- 还得考虑不同屏幕的适配。

UICollectionView 的实现原理是：每个 Item 就是一个 Cell。相比 UITableView，UICollectionView 的实现更为简单，每个 Item 的单击事件直接交给 UICollectionView 的代理方法来处理。

4.13 图片轮播的实现思路

正如我们所看到的，大多 App 首页的顶部总会显示一个广告位，放置滚动的广告图片，当单击图片时，跳转到下一页。要想达到这种效果，实现方式有两种：一种是 Scrollview+ImageView，另一种是通过 UICollectionView。我们知道，UICollectionView 继承于 UIScrollView，为了更好地理解 CollectionView 的应用，还是先从 ScrollView 的实现方式说起。

1. 通过 ScrollView 实现图片轮播

通过 ScrollView 实现图片轮播的主要思路是：根据图片总数及图片的宽高，设置好 ScrollView 的大小，每切换一张图片相当于在 ScrollView 上进行一个图片宽度的移动。如果想实现自动轮播，还需要启动一个定时器。

初始化时，需要设置好 ScrollView 及 PageControl。ScrollView 的 contentSize 根据图片数量确定，同时启用 pagingEnabled 属性，确保整页移动，同样，pageControl 也是根据图片数量来确定的，每一页代表一张图片。

当遇到图片无限轮播的界面时，实现的方法有多种，最先想到的一定是 UIScrollView，其实，通过 UIScrollView 来实现并没有那么容易，相比之下，一种更为简洁的方法是通过 UICollectionView 来实现图片的无限轮播。

2. 通过 CollectionView 实现图片轮播

图片的无限轮播，通常就是图片的无限循环的播放。当播放到最后一张图片时，需要再次轮播，显示第一张图片。UICollectionView 可以进行上下滚动，也可以进行左右滚动。

首先，需要将 UICollectionView 设为横向布局，设置的方法很简单，只需要将 UICollectionViewFlowLayout 的 scrollDirection 设置为 UICollectionViewScrollDirectionHorizontal 即可。

通过 UICollectionView 实现广告轮播的大致步骤如下。

- 在控制器中，拖放一个 CollectionView 和一个 PageControl；当然也可以通过纯代码方式编写。
- 将 UICollectionView 设为横向布局。
- 自定义一个 UICollectionViewCell，并在里面放一个 UIImageView。
- 添加定时器，设定自动轮播的时间间隔。

4.14　CollectionView 注意事项

用到 CollectionView 时，必须关联 UICollectionViewDelegate 和 UICollectionViewDataSource，只有设置委托后，Delegate 的方法才会被调用。被委托者就是当前 CollectionView 所处的 ViewController。

设置委托的方式有两种：如果 CollectionView 是在 Storyboard 中拖曳生成的，可以直接在 Storyboard 中设置委托。操作方法是通过 Ctrl+Drag 方式，在 Document Outline 中，按下 Ctrl 键，选中 CollectionView，向 ViewController 方向拖曳，松开鼠标，会自动弹出一个黑色的 Outlets 框，分别选中 dataSource 和 delegate 即可，如图 4-17 所示。

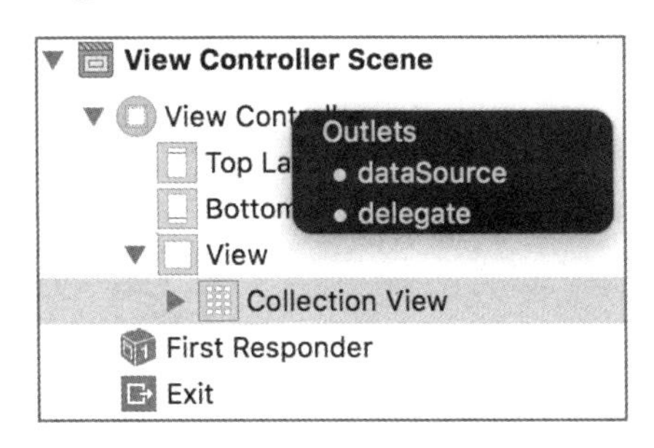

图 4-17　设置 Collection View 的 Delegate 和 dataSource

当然，也可以在 ViewController 的 ViewDidLoad 方法中，通过纯代码方式设置 CollectionView 的 dataSource 和 delegate，代码示意如下。

```
MyCollectionView.dataSource = self;
MyCollectionView.delegate = self;
```

4.15 小结

一般说来，创建一个自定义的 Flow Layout 进行 CollectionView 布局不是一件容易的事情。甚至可以说，这和从头写一个完整地实现相同布局的自定义视图类一样复杂。因为这个过程涉及很多计算，需要确定哪些子视图当前是可见的，以及它们的位置。尽管如此，使用 UICollectionView 还是给我们带来了一些很好的效果，如 Cell 的重用、动画的自动支持、简洁的独立布局、有序的子视图管理。

自定义 CollectionView 布局也向轻量级 ViewController 迈出了重要的一步，我们希望 ViewController 尽可能不要包含任何布局代码。

Web 与 Native 混合开发模式

对一款 App 来说，究竟是用 Native 还是用 HTML5 来实现呢？从技术层面来讲，Native 与 HTML5 没有本质上的优劣之分，不存在谁取代谁的问题。为了取得最佳的产品效果，这里建议，采用混合开发模式，要具体分析哪个页面适用于 HTML5，哪个页面适用于 Native，这是由应用场景决定的，正所谓技术是为产品服务的。

既然同一款 App 融合了 Native 和 Web 两种技术，那么 Native 与 Web 的交互就是必不可少的。即使同一个页面，有时候也需要由 Native 和 Web 共同完成，如用户评论页面。iOS 开发者必须熟练掌握 Native 与 Web 的交互技术，iOS 开发者也应与时俱进，学习 JavaScript 已经成为一种趋势。

在本篇中，我们通过不同维度，借助多个实例，全方位地讲解 Native 与 Web 交互的方方面面。为此，要做好基础知识的铺垫：Block 的应用、网络请求（AFNetworking）的应用、JavaScript 基础和 JavaScriptCore.framework，一个都不能少。

第 5 章 Block 的应用

5.1 Block 缘起

在 iOS 开发圈子里，有这么一个说法，评价一个人的 iOS 开发水平高低，就看他是否熟练掌握了 Block（块，更多的时候我们习惯称为 Block）的应用。这话是有一定道理的。但也有人对这句话产生质疑：不用 Block，照样做开发。不错，我在项目中曾经遇到过这样一桩事：在某一个项目中，一位善于学习新技术的工程师用了大量的 Block，后来这个项目交给另一个人接手，接手的人把原有的 Block 统统抹掉，改为了自己习惯的编程风格。

通过这个活生生的例子可以看出，iOS 开发充斥着各种各样的技术，为什么会出现一些争议呢？那还得从 iOS 的历史渊源中寻找答案。

我最早接触 iOS 开发是从 iOS 2.2 版本开始的，那是 2008 年 10 月份，Apple 公司第一次开放 iOS SDK。而 Block 是苹果公司在 iOS 4 版本上推出的新的语法。学习一种技术，都受先入为主的影响，当人们已经习惯了一种技术，而且新出现的技术并没有不可替代的优势可言时，那么，新技术就很难得到推广。正是因为 Apple 推出的 Block 晚了那么一段时间，那些墨守成规的人，只希望在已经积累的代码中复制粘贴，而不再愿意主动拥抱新的技术。这一点，不仅仅体现在 Block 技术上，类似的 Storyboard 技术、Autolayout 技术，都会遇到这样的困扰。尤其是近年来 Apple 推出的 Swift 技术，推广使用将更加困难。Swift 暂且不论，我们还是继续讲述 Block 技术吧。

其实，Block 本身并不是什么新的重大发现，仅仅是因为它在 iOS SDK 中出现的晚了一些时日，以至于引发一些大惊小怪的声音，这或许是 Apple 每次推出的技术过于引人关注所造成的吧。类似 Block 技术在其他语言早就存在，比如我们在本书重点章节讲到的 JavaScript 技术。我至今还记得，当 JavaScript 程序员看到 iOS Block 时，一种本能的反应：这不就是 JavaScript 中的闭包吗？有什么大惊小怪的！

作为 iOS 开发者，起初对 Block 技术没有那么深度的热情，也是可以理解的。这是因为，

Apple 只是在 iOS 4.0 推出了这个新的 Block 语法，而当时的 iOS SDK 及代码示例并没有渗透 Block 思想。自此之后，Apple 公司采用 Block 技术重写 iOS SDK Framework 和相关的示例，以此表明，未来的 iOS 技术，将是 Block 的天下。

如果想成为 iOS 开发高手，必须掌握 Block 的应用！

5.2　Block 概述

Block 并不是 iOS 与生俱来的东西。到了 iOS 4.0 版本，Apple 才开始支持 Block。这就是说，在早期的 iOS 代码实例中，并没有 Block 的身影。在 Apple 刚刚推出 Block 机制时，让开发者感到很不适应。因为引入了 Block，编程的思想就得发生些改变。既然 Block 是后来才引入的，那就意味着，在没有引入 Block 之前，也是可以实现完成类似功能的，所以才出现有人善于 Block，有人“抵制”Block 的现象。

对于有不同编程背景的人来说，对 Block 的理解也不尽相同。C 语言擅长者，可以把 Block 理解成函数指针；而对比 JavaScript，可以把 Block 理解为闭包。在我看来，Block 所肩负的使命与 JavaScript 的闭包更为接近。

通俗地讲，可以把 Block 理解成一个内部函数。所谓内部函数，就是定义在另一个函数中的函数。许多传统的编程语言（如 C 语言），都会把全部函数集中在顶级作用域中。而支持内部函数的语言，则允许开发者在必要的地方集合小型实用函数，以避免“污染”命名空间。

这里，给出一段代码清单，来说明什么是内部函数。

```
function outerFn()
{
    function innerFn()
    {
        /* 在这里添加代码 */
    }
}
```

innerFn()就是一个被包含在 outerFn()作用域中的内部函数。这意味着，在 outerFn()内部调用 innerFn()是有效的，而在 outerFn()外部调用 innerFn()则是无效的。

在 Objective-C 编程中，Block 被看成对象，它封装了一段代码，这段代码可以在任何时候执行。Block 可以作为函数的参数，也可以作为函数的返回值，Block 本身又可以带输入参数或返回值。

Block 是一个代码块，一般用于函数的回调，功能上与 Delegate 类似。Block 有两大特点：

（1）Block 本身是一个对象。既然是对象，就应该遵循对象的的用法。Block 声明的函数，

可以立即执行，也可以过一段时间再执行。所谓过一段时间执行，就是函数的回调，或者说是异步执行，只有满足某一个触发条件后才执行。

（2）Block 的某一部分功能类似 Delegate。如果实现同一个功能，Block 编写的代码比 Delegate 要简洁、紧凑，只需要写在同一个文件中即可，而不像 Delegate 那样分散在多个文件中。

采用 Block，可以方便地实现回调，而不像 Delegate 那样，先是声明 Protocol。通过前面的 Delegate 章节，我们可以清楚地对比 Block 与 Delegate 的差异所在。尽管我们一再强调 Block 的强大，但这并不意味着 Block 可以完全取代 Delegate，二者相辅相成相得益彰。

需要再次强调下，Block 就是对象（Object），所有对象的用法，都可应用在 Block 上。我们知道，对象可以放在 NSArray、NSDictionary 中，那么，也可以把多个 Block 放到 NSArray 和 NSDictionary 中；声明一个方法，可以返回对象，这么说来，这个返回对象可以是 Block；可以把对象声明为一个变量，同样，可以把 Block 声明为一个变量。

Objective-C 是一门面向对象的编程语言，iOS 开发就是面向对象的开发，把 Block 看做一个对象后，Block 看上去也就没有想象的那么神秘了，我们已经在有意无意地使用 Block 了。

在用到 iOS framework 或第三方库时，大多是把 Block 当做回调函数来使用。对于 Block 更深层面的编译原理，可以不用太关注，但我们需要熟练掌握 Block 的应用，包括 Block 的声明、实现、调用等。

初学者首次接触 Block 时，会有一脸的迷惑。产生困惑的原因是，Block 的语法看上去怪怪的，尤其是“^”符号的出现。不错，只要是 Block，一定会带有“^”标识。它类似 C 语言的函数指针符号“*”。“^”仅仅是 Block 的标识，没有什么特别的意义。就像初次接触 Objective-C 方法调用时，看到中括号[ ]的方法调用，也是一脸茫然，随着代码编写的积累，渐渐地也就习惯了。

我们先来熟悉 Block 的声明、定义和调用，之后再讲述 Block 在项目开发中的应用。

5.3 Block 的声明、实现与调用

5.3.1 Block 的声明

声明一个 Block，应该遵循 Block 的基本语法。Block 长得像这个样子：

```
ReturnType (^blockName)(Parameters)
```

如果把“^”换成“*”，如“ReturnType (*blockName)(Parameters)”，如有 C 语言基础，你一眼就会认出来，这不就是 C 语言的函数指针么？不错，Objective-C 的 Block 与 C 语言的函数指针类似，不仅仅写法类似，在用法上也有很多相似之处。

我们再来审视下这个 Block。

- “^”的出现，代表它所声明的对象是一个 Block。
- ReturnType：返回类型可以是 Objective-C 所支持的任何数据类型，如果不需要返回，返回值就是 void。
- ^blockName：Block 名称。要注意一点，Block 名称永远以“^”为前缀。“^”符号与 Block 名称为一体。你可以像命名一个变量和方法一样，对 Block 名称进行命名；尤为重要的是，“^”与 Block 名称必须用“()”括起来，如“(^blockName)”。有时，会出现一种更为简略的写法，即“(^)”，这也是一个 Block，只是省略了 Block 名称。

以上是声明一个 Block 的注意事项。接下来，我们给出几个示例。

示例 1：

```
int (^firstBlock)(NSString *param1, int param2);
//Block Name 是 firstBlock，返回类型是 int；有两个传递参数，即 NSString * 和 int
```

示例 2：

```
void (^showName)(NSString *myName);
//Block Name 是 showName，返回值为空；有一个传递参数，即 NSString *
```

示例 3：

```
NSDate *(^whatDayIsIt)(void);
//Block Name 是 whatDayIsIt，返回值是 NSDate *，传递参数为空
```

示例 4：

```
void (^allVoid)(void);
//Block Name 是 allVoid，返回值为空，传递参数为空
```

示例 5：

```
NSString *(^composeName)(NSString *firstName, NSString *lastName);
//Block Name 是 composeName，返回值为 NSString *，传递参数有两个：都是 NSString *
```

起初，你可能被“^”符号和眼花缭乱的括号所迷惑，不过没关系。Block 声明方法，也就那么有限的几种，熟悉了就好。特别注意的是，千万不要忘记 Block 标志性的符号“^”。

Block 用起来很灵活，它的呈现方式多种多样，乍一看有些不可思议。相比常规的函数声明，Block 的特殊性在于，传递参数的名称可以省略，但传递参数的类型必须保留。对于编译器来讲，只需要参数的类型；而参数名称的出现是为了提高代码的可读性，便于开发者更容易理解每个参数的具体意义。从本质上来讲，参数名称要不要都无所谓。这样一来，如果想简化，上面的几个 Block 可以重新声明，改成以下的样式。

```
int (^firstBlock)(NSString *, int);
void (^showName)(NSString *);
```

```
NSDate *(^whatDayIsIt)(void);
void (^allVoid)(void);
NSString *(^composeName)(NSString *, NSString *);
```

既然 Block 有多种声明格式，那么，用哪种更好呢？在 Objective-C 编码规范中，没有硬性的要求。通常，为了凸显 Block 自身的本质特征，一些 iOS 高手常常会省去参数名称，只保留参数类型；对于 iOS 初学者来说，为了帮助理解，还是带上参数名称更好。

我们清楚了如何声明一个 Block，接下来看看如何实现一个 Block。

5.3.2 Block 的实现

声明一个 Block，只是给出了 Block 存在的形式；至于这个 Block 具体能做什么，则取决于它的实现（Implementation）。从逻辑上来讲，先声明一个 Block，再实现它。

这里给出了一个简单的 Block 的实现样式，如下所示。

```
^(Parameters){
    /* Block Body */
    return ReturnValue //如果返回值为空，就不用 return 了。
};
```

这是典型的一段 Block 实现代码，寥寥几行，却彰显了 Block 实现的几个基本特征。

（1）没有出现 Block Name，这就是说，在 Block 实现中，不用 Block Name。

（2）传递参数的名称是必需的。还记得 Block 声明的要求吧。在 Block 声明时，传递参数的名称可有可无。但在 Block 的实现中，传递参数类型和传递参数名称都是必需的，因为参数必然被 Block Body 所调用，仅仅靠参数类型是无法被调用的。

（3）在 Block 结尾处，也就是“{ ... }”后，必须以“;”结尾。当然，如果忘记“;”也没关系，编译器会报错。Block 的实现以“;”结尾，此时的 Block 被当作一个变量来处理。前面提到，在 Objective-C 中，Block 就是一个对象。Block 时而像一个函数，时而像一个变量。正是因为 Block 呈现了多样性，其用法才更加灵活。

这里给出一个简单的 Block 实现的示例，代码如下。

```
^(int a, int b)
{
    int result = a * b;
    return result;
};
```

当然，在 iOS 实际项目开发中，这样简单的示例并不常见。更多的时候，我们要考虑到 Block 应用的多面性。

（4）在 Block Body 中，完成一系列的操作后，返回一个 result（对象），并把这个 result 赋给 Block Name。

（5）回调函数的处理。应用场景是：当满足的条件触发后，开始调用并执行这个函数，如网络数据请求。App 先向后台发送一个请求我们不用关心后台何时能够返回数据，一旦后台返回数据，只需要在对应的 Block Body 中直接处理数据就可以了。我们称这种机制为 Completion Handler，从字面上理解，Completion 是完成的意思，Handler 是处理的意思。总的来讲，可以理解为：一件事情一旦完成，Block Body 开始做相应的处理。比如，在 UIView Animation 转场效果时，经常用到 completionHandler，其用意是当 UIView 转场效果完成后，开始处理某个事务。

我们再来看一些示例，看看如何将 Block 返回值赋给 Block 变量。

```
int (^howMany)(int, int) = ^(int a, int b)
{
    return a + b;
};
```

这段代码由 Block 声明和 Block 实现两部分组成。Block 声明只有参数类型，省去了参数名称；而在 Block 实现中，传递参数的类型和参数名称都是必需的。还要注意 Block Name 以“^”开始，整个 Block 以“;”收尾。

再来看一个返回值为空的示例，如下所示。

```
void (^justAMessage)(NSString *) = ^(NSString *message)
{
    NSLog(@"%@", message);
};
```

在这段代码中，Block 的返回值为 void。显然，Block Body 不再需要返回任何对象。

前面讲到的情况都是先声明一个 Block，紧接着实现这个 Block，但这并不意味着 Block 的声明与实现非得同一时间完成不可，事实上，可以先声明一个 Block，中间穿插一些代码，之后再完成 Block 的实现。代码示例如下。

```
//声明一个 Block
void (^xyz)(void);
/* 编写其他代码 */

//实现一个 Block
xyz = ^(void)
{
    NSLog(@"What's up, Doc?");
};
```

至此，我们已经清楚了 Block 的声明与实现，但仅仅知道这些还不够。之所以定义一个 Block，其用意在于调用 Block，如同先声明一个函数，再调用这个函数一样。接下来，我们继续学习如何调用一个 Block。

5.3.3 Block 的调用

或许，Block 的声明与实现看上去有些奇怪，但 Block 的调用相当简单。可以这么理解，怎么调用 C 语言的函数，就怎么调用 Block。不管 Block 的声明有多么复杂，在调用时，只需要 Block Name，输入必要的 Block Parameter（参数）。先给个示例，如下。

```
//Block Name 是 howMany,包含两个输入参数 a 和 b
int (^howMany)(int, int) = ^(int a, int b)
{
   return a + b;
};

NSLog(@"%d", howmany(5, 10));

//输出结果: 15
```

再来看一个示例：返回值的类型是 NSDate *，输入参数为空。调用这个 Block 时，只需要 today()即可。

```
NSDate *(^today)(void);
today = ^(void){
      return [NSDate date];
};
 NSLog(@"%@", today());

//输出结果是今天的日期
```

再看一个稍微复杂的示例：在声明 Block 时，直接给输入参数赋值，这样一来，在调用 Block 时，不用再传递参数。代码示例如下。

```
float results = ^(float value1, float value2, float value3)
{
   return value1 * value2 * value3;
} (1.2, 3.4, 5.6);

NSLog(@"%f", results);

//输出结果: 22.848001
```

这是一种更为直接的 Block 调用方法，预先设置好了参数。这种操作方法的应用场景是预设的参数值是固定的。在项目开发中，这种方法很少用，既然参数是固定的，用一个宏定义更为简单。

关于 Block 的调用，还有一种情况：在 Block 内调用位于 Block 外部的变量。先来看看下面的一段代码示例。

```
int factor = 5;
int (^newResult)(void) = ^(void)
{
    return factor * 10;
};
NSLog(@"%d", newResult());
//输出结果：50
```

想必，你可以很快计算出代码执行的结果。如果不深究，也看不出有什么特别之处，不就是 Block 内部的一个变量与 Block 外部的一个变量相乘吗？ 从编译原理的角度看，就没那么简单了。对于 Block 内部的操作来说，位于 Block 外的变量是只读的变量，具体到这个示例来说，newResult 可以读取 factor 变量的值，但不能改变 factor 的值。在实际项目中，经常会遇到需要改变 factor 值的情况，那又该怎么办呢？这就引入了一个新的概念——__block 存储类型。

5.3.4 Block 外部变量的访问

为什么要使用__block 存储类型呢？为了把复杂的问题简单化，我们先给出一个示例，旨在说明常规的做法会有哪些问题。思路：先声明一个方法，在这个方法中调用一个 Block，这个方法声明在.m 文件中，声明的 testBlockStorageType 方法属于私有方法。

为了演示一段代码的执行结果，我们先来创建一个 Xcode 工程，如下。

```
//ViewController.h
@interface ViewController()
-(void)testBlockStorageType;
@end
```

然后在 viewDidLoad 方法中，调用 testBlockStorageType 方法。

```
//.m 文件
- (void)viewDidLoad
{
    [super viewDidLoad];
    [self testBlockStorageType];
}
```

方法声明以后，接下来是方法的实现，代码如下。

```
-(void)testBlockStorageType
{
    int someValue = 10;                //声明一个变量，位于 Block 外部
    int (^myOperation)(void) = ^(void)
    {
        someValue += 5;
        return someValue + 10;
    };
    NSLog(@"%d", myOperation());
}
```

在 Block 外部声明了一个变量 someValue。在 myOperation Block 中，我们想改变 someValue 的值，而不是仅仅读取它。即使还没有运行这个工程，Xcode 已经报错。

```
Variable is not assignable (missing __block type specifier)
```

报错所在的代码行是：

```
someValue += 5;
```

这说明，如果不做处理将无法编译。为此，Objective-C 提供了一个特别的存储类型修饰符（Storage Type Modifier），这就是__block。__block 是变量声明的修饰符，通过这个修饰符，可以把一个原本不可修改的变量改为可修改的变量。在 Objective-C 中，有 NSArray 与 NSMutableArray，也有 NSDictionary 与 NSMutableDictionary。__block 的出现，把一个 Immutable（不可变）的变量改为了 Mutable（可变的）变量，从而使得在 Block 内部可以修改外部的变量值，这就是__block 的工作原理。清楚了这个原理后，再来改写代码。将

```
int someValue = 10;
```

改为

```
__block int someValue = 10;
```

经过以上修改后，报错随之消失。运行的结果是 25，这正是我们所期望的。

__block 这个关键字应用起来就是这么简单，在使用__block 时，需要特别注意一点：block 关键字的前缀是两个短下画线“_ _”。

5.4 Block 的应用场景

5.4.1 Block 用于 completionHandler

说起 Block 的用途，可谓仁者见仁，智者见智。有的说 Block 的结构和 C 语言的函数指针结构类似，只是将函数指针的“*”换成了“^”；有的说 Block 是一个回调函数（Call Back）；

有的说 Block 就是取代了 Delegate，用法更为简单；有的说 Block 在某些方面可以取代 SELECTOR（如 NSNotificationCenter）。这说明，Block 的功能很强大，用法也很多。在 Apple 的 iOS Framework 中，对 Block 更多的应用体现在回调上，具体来说，就是用在 completionHandler 中。那么，什么是 completionHandler 呢？

completionHandler 是一种编程技术，有了它，就可以很方便地通过 Block 实现回调函数的功能。前面讲过，Block 本身是一个对象，当用到 completionHandler 机制时，Block 当做对象，被用做方法中的一个输入参数。当回调的条件被触发时，Block 被自动调用。回调函数是一种被动调用，如 UIButton 的按钮触摸事件，这都是属于回调。回调已经成为面向对象编程的一种重要设计思想。

在使用 completionHandler 时，有一点要注意：completionHandler 必须是方法声明中的最后一个参数。在一个方法声明中，可以有多个 Block 参数，但 Completion Block 只有一个，而且永远是最后一个参数。Completion 的字面意思是“完成”的意思，只有前面的几个参数完成后，才执行 Completion Block 中的代码。

回过头来看看 iOS Framework，其中不乏应用 completionHandler 的典型实例。这里给出两个示例。

（1）在很多场景下，需要呈现出一个新的 ViewController，经常用到以下这个方法，如果想在新的 ViewController 呈现之后处理些什么，那就在 Completion Block 中处理。

```
[self presentViewController:viewController animated:YES completion:^{
   NSLog(@"View Controller was presented...");
   //Other code related to view controller presentation...
}];
```

（2）执行 UIView animations，用到 completionHandler，代码示例如下。

```
[UIView animateWithDuration:0.5 animations:^{
   //Animation-related code here...
   [self.view setAlpha:0.5];
}
completion:^(BOOL finished)
{
   //Any completion handler related code here...
   NSLog(@"Animation is over.");
}];
```

这段代码有两个 Block，分别是 animations 和 completion，这个方法的目的是让 UIView 出现一段动画，时长 0.5 s，把 UIView 的 Alpha 值设置为 0.5。UIView 的动画结束后，开始执行 Completion Block 中的代码。

以上演示的是 iOS Framework 中常用到的 completionHandler，我们不仅需要掌握 iOS Framework 自带的 completionHandler 的用法，也要学会如何创建一个带有 completionHandler 的方法。我们先从简单的概念示例讲起，虽说在项目中很少有这么简单的情况，但它有助于我们快速理解 completionHandler 的用法。重温下 Block 应用三步法：声明、实现、调用。

第一步：声明一个 Block 方法

```
@interface ViewController ()
-(void)addNumber:(int)number1 withNumber:(int)number2 andCompletionHandler:
                                        (void (^)(int result))completionHandler;
@end
```

这个方法声明有三个参数，最后一个是 completionHandler。当然，参数的名称可以重新命名。

第二步：Block 的实现

```
-(void)addNumber:(int)number1 withNumber:(int)number2 andCompletionHandler:
                                        (void (^)(int result))completionHandler
{
    int result2 = number1 + number2;
    completionHandler(result2);
}
```

Block 作为一个对象，放在了传值参数中。这里的 completionHandler 带有一个输入参数（result）。这个 Block 中的 result 参数有点特殊，可以理解为回调参数。经过以下两行代码的处理后，原来的输入参数 result 被 result2 所取代。

```
int result2 = number1 + number2;
completionHandler(result2);
```

当再调用这个 Block 时，result 参数已经有值了，result 等于前面两个输入参数之和。

第三步：Block 的调用

在 viewDidLoad 中调用该方法，此时 Block 作为方法调用的变量传递过来，代码如下。

```
- (void)viewDidLoad
{
    [self addNumber:5 withNumber:7 andCompletionHandler:^(int result)
    {
        NSLog(@"The result is %d", result); //只是输出 log 信息
    }];
}
```

运行结果，输出的 log 信息是“The result is 12”。

completionHanlder 的神奇之处是：在它的 Block 内，可以直接获取传递过来的参数值，而不用关心这个值是怎么来的。在常用的网络请求处理（如 AFNetworking）中，可以在 completionHandler Block 内直接获取来自网络传递过来的数据。

Block 代码中有多个括号，一层套一层，再加上“^”符号，显得更加复杂。其实，不必为代码的复杂操心，Xcode 提供了强大的智能跟随功能。只要键入“self add”，就会自动出现以下提示代码。

```
[self addNumber:(int) withNumber:(int) andCompletionHandler:^(int result)
completionHandler];
```

将光标移到“^(int result)completionHandler”区域，这时敲击回车键，代码自动变成以下格式。

```
[self addNumber:(int) withNumber:(int) andCompletionHandler:^(int result)
{
    /* code */
}];
```

这里的 code 区域，就是我们所说的回调函数。在这里，传递过来的 result 是有值的，可以直接对 result 进行操作。

5.4.2 Block 声明为实例变量

在 Objective-C 编写代码时，我们完全可以把 Block 看做一个对象，这个对象可以是任何类型。如同声明一个其他类型的实例变量一样，我们也可以把 Block 声明为一个实例变量，代码示例如下。

```
@interface ViewController ( )
@property (nonatomic, strong) NSString *(^blockAsAMemberVar)(void);
@end
```

在编程中，经常有这样的约定：方法的声明与实现是成对出现的，只要声明了一个方法，不管在哪个文件中，总会有该方法所对应的实现。同样，声明了一个属性变量之后，应该有变量的初始化。在 viewDidLoad 方法中，添加以下代码。

```
self.blockAsAMemberVar = ^(void)
{
    return @"This block is declared as a member variable!";
};
```

Block 的声明与实现需要保持一致，即 Block 声明中的参数类型、参数的顺序应该与 Block 实现中的参数类型、参数顺序保持一致。

5.4.3 typedef Block

Block 是一个对象，既然是对象，就可以通过 typedef 定义一个对象类型，从而省去那么多的括号和“^”符号。

在讲述 Block 声明时，我们是这样声明一个 Block 的：

```
ReturnType (^blockName)(Parameters)
```

如果改为 typedef 格式，就简化了很多，如下所示。

```
typedef ReturnType (^blockName)(Parameters);
```

之前，声明的 block 是这个样子：

```
int (^howManyBlock)(int, int) = ^(int a, int b)
{
    return a + b;
};
```

通过 typedef 声明一个 Block，如下所示。

```
typedef  int (^howManyBlock)(int, int);
```

在 viewDidLoad 方法中，调用这个 Block，如下所示。

```
- (void)viewDidLoad
{
    //Block 的实现
    howManyBlock myBlock = ^(int a, int b)
    {
        return a + b;
    };

    //Block 的调用
    NSLog(@"myBlock result= %d", myBlock(3,5));
}
```

运行后输出的结果是“myBlock result= 8”。

Block 应用的进一步升华是，定义 Block 实例变量，使得 Block 的用法更加接近 Objective-C 对象的用法。通过不同维度的代码示例，我们发现 Block 的应用越来越简单。这里，我们再来总结下如何在 Objective-C 中声明一个 Block，共有四种类型。

（1）声明一个局部 Block 变量，格式如下。

```
returnType (^blockName)(parameterTypes) = ^returnType(parameters)    {...};
```

（2）声明一个 Block 属性变量，格式如下。

```
@property (nonatomic, copy) returnType (^blockName)(parameterTypes);
```

（3）Block 作为一个函数（方法）的输入参数，省去了 Block Name，格式如下。

```
-(void)someMethodThatTakesABlock:(returnType (^)(parameterTypes))blockName;
```

（4）在调用一个方法时，Block 作为回调对象而存在，省去 Block Name，格式如下。

```
[someObj someMethodThatTakesABlock:^returnType (parameters) {...} ];
```

（5）typedef Block 类型，格式如下。

```
typedef returnType (^TypeName)(parameterTypes);
TypeName blockName = ^returnType(parameters) {...};
```

以上列举了 Block 常见的几种类型，从中可以看出，只要是 Block，“^”符号就是必不可少的；但 Block Name 却飘忽不定，时而出现，时而隐藏，这与 Block 的应用场景有关。一旦 Block 被 typedef 之后，使用起来就会方便得多。

在掌握了 Block 的基础技能之后，我们再来看看 Block 在项目中的应用。

5.5　通过 Block 实现视图控制器之间的逆向传值

5.5.1　应用场景

在项目开发中，常常用到视图控制器之间的传值，既有正向的，也有逆向的。正向的较为简单，逆向的复杂些。应用场景如下。

- 有两个 Scene，分别是 Scene A 和 Scene B。
- Scene A 上有一个 UIButton 和一个 UILabel。
- Scene B 上有一个 UITextField(textField)。

当单击 Scene A 中的 Button A 时，跳转到 Scene B；在 Scene B 的 textFiled 上输入文字，单击键盘的“完成”键，返回到 Scene A，并在 Scene A 的 Label A 上显示 Scene B 的 textField 所输入的内容。

要求：使用 Storyboard 框架，通过 Block 设计模式实现，代码力求简洁。

在前面的章节中，我们通过 Delegate 模式实现了页面的传值，这次通过 Block 模式来实现它。在 Storyboard 中，创建两个 ViewController，分别为 SceneAViewController 和 SceneBViewController。整个页面的构建过程，不再赘述，可参考前面的章节。

5.5.2　代码实现

实现的思路：在 Scene B 中，声明并实现一个 Block。在 SceneBViewController.h 中添加以下 Block 代码。

```
//SceneBViewController.h
//自定义一个 Block
typedef void (^ReturnTextBlock)(NSString *showText);
@interface SceneBViewController : UIViewController <UITextFieldDelegate>
@property (weak, nonatomic) IBOutlet UITextField *inputInformation;

//声明一个调用 Block 的方法
- (void)returnText:(ReturnTextBlock)block;
@end
```

在 SceneBViewController.m 中添加以下代码。

```
//SceneBViewController.m
@interface SceneBViewController ()
//声明一个 Block 属性变量
@property (nonatomic, copy) ReturnTextBlock retBlock;
@end
@implementation SceneBViewController
- (void)viewDidLoad
{
   [super viewDidLoad];
}
//将 Block 作为一个传递参数，用于初始化 Block 属性变量
- (void)returnText:(ReturnTextBlock)block
{
   self.retBlock=block;
}

- (BOOL)textFieldShouldReturn:(UITextField *)textField
{

   //判断属性变量（Block）是否为空
   if (self.retBlock)
   {
      //执行 Block 属性变量，输入参数是 UITextField 的内容
      self.retBlock(self.inputInformation.text);
      //Scene B 消失
       [self.presentingViewController dismissViewControllerAnimated:
                                                   YES completion:nil];
    }
   [textField resignFirstResponder];    //隐藏键盘
   return YES;
```

```
}
@end
```

在 SceneAViewController.h 中添加以下代码，这几行代码是与 UI 相关的代码，与 Block 传值没什么关系。

```
//SceneAViewController.h
@interface SceneAViewController : UIViewController
@property (weak, nonatomic) IBOutlet UILabel *showInformation;
@property (weak, nonatomic) IBOutlet UIButton *buttonA;
@end
```

在 SceneAViewController.m 中添加以下代码。

```
//SceneAViewController.m
#import "SceneAViewController.h"
#import "SceneBViewController.h"

@implementation SceneAViewController

(void)prepareForSegue:(UIStoryboardSegue *)segue sender:(id)sender
{
    //Get the new view controller using [segue destinationViewController].
    //Pass the selected object to the new view controller.
    if ([segue.identifier isEqualToString:@"SceneBViewController"])
    {
        SceneBViewController *sceneBVC = segue.destinationViewController;
        //将 Scene A 的 Block 传递给 Scene B 的 Block 属性变量
        [sceneBVC returnText:^(NSString *showText)
        {
            self.showInformation.text=showText;
        }];
    }
}

- (void)sceneBViewController:(SceneBViewController *)sceneBVC
                                              didInputed:(NSString *)string
{
    self.showInformation.text = string;
}

@end
```

从代码中注释中可以看出，系统告诉我们可以用“[segue destinationViewController]”来获得新的视图控制器，这里是指第二个视图控制器（SceneBViewController）。

在“prepareForSegue:sender:”方法中，先是获取到SceneBViewController，再调用SceneBViewController中的returnText:方法。键入“[sceneBVC returnText:]”后会智能补全后续的Block，如下所示。

```
[sceneBVC returnText:(NSString *showText)block]
```

此时，将光标移到高亮的Block区域，按下回车键，会自动出现Block的code区域。这样一来，就可以快速创建一个代码块了，编写Block代码非常方便。

```
[sceneBVC returnText:^(NSString *showText)
{
   code   //这里是Block的回调区域（当Block被触发时）
}];
```

这一行代码至关重要，在这个回调函数中，把输入的参数赋给Scene A的Label；而这个输入参数便是Scene B中的textFiled值。

```
[sceneBVC returnText:^(NSString *showText)
{
   self.showInformation.text=showText;
}];
```

以上讲述了如何通过Block模式实现视图控制器之间的逆向传值，我们再来总结下Block模式的五步曲。

（1）自定义一个Block。

（2）声明一个调用Block的方法，并实现之。

（3）声明一个Block属性变量。

（4）将Scene A的Block传递给Scene B的Block属性变量。

（5）调用Scene B的Block，触发Block的回调。

5.6 小结

在iOS开发中，Block的应用仿佛是一个技术的制高点，它吸引着众多的开发者对Block情有独钟。通常，用Block编写的代码，看上去高端大气！或许，这正是Block的魅力所在！

毋庸置疑的是，对Block的内存管理需要慎之又慎，稍有不慎，就会造成内存泄漏，所以在使用Block的时候，也要特别小心。

第 6 章 iOS 网络请求

6.1 iOS 网络请求概述

每当刚刚做完一个项目时，总有一种释怀的感觉。一方面，感觉自己学到了很多的知识，积累了很多的经验；另一方面，感觉有太多的东西需要总结，而当真正拿起笔梳理以往的经验时，感觉又没有多少东西可以分享。产生这种感觉的背后原因是，项目开发的过程虽然艰辛，但真正的有价值的技术点非常有限。很多时候，因为业务逻辑复杂，UI 页面的定制化要求较高，通篇都是在创建 View 和 addSubView；还有一个因素，是因为多人的协作开发，造成了太多的冗余代码。最常见的，莫过于实际项目中的网络请求模块，App 中的每一个动态页面，都会用到网络请求。

网络请求，一个貌似高大上的话题，到了 iOS 这里，一切却变得那么简单，这得益于一个给力的第三方——AFNetworking 的出现。在网络请求这一篇章，我们先给出一个简单的示例，让你感觉到网络请求的实现是多么的简单；接着，我们再娓娓道来——网络请求又是多么复杂，基于 AFNetworking 的二次封装又是多么重要！

6.2 AFNetworking 的应用

6.2.1 AFNetworking 概述

AFNetworking 是一款颇受欢迎的第三方网络库。所谓第三方，就是说这个网络库不是苹果公司出品的。AFNetworking 从发布之日起，就得到了众多 iOS 开发者的青睐，迄今，已经发展到 3.0 版本。为了契合 iOS 新版本的升级，AFNetworking 在 3.0 版本中删除了所有基于 NSURLConnection API 的支持。如果你之前使用过基于 AFNetworking 2.X 版本中的 NSURLConnection API，虽然还能用，但还是建议升级到基于 NSURLSession API 的 AFNetworking 3.0 版本。

AFNetworking 3.0 正式支持 iOS 7、Mac OS X 的 10.9、watchOS 2、tvOS 9 和 Xcode7。AFNetworking 3.0 版本中，NSURLConnection 的 API 已经被弃用。

为便于深入理解 AFNetworking 的来龙去脉，还是从 AFNetworking 1.0 说起吧。

AFNetworking 1.0 建立在 NSURLConnection 的基础 API 之上，AFNetworking 2.0 开始使用 NSURLConnection 的基础 API 和部分 NSURLSession 基础之上的 API。现有的 AFNetworking 3.0 版本已经完全基于 NSURLSession 的 API，这样一来，不仅降低了代码维护的工作量，同时也支持 NSURLSession 提供的任何额外的功能。

在 Xcode 7 中，NSURLConnection API 已经正式被苹果公司弃用，尽管基于 NSURLConnection 的 API 仍然可以正常运行，但不会再添加什么新的功能了。苹果公司已经明确表示，今后所有与网络相关的功能，都是基于 NSURLSession 的 API 基础之上的。

任何新的技术出现时，原有的技术仍会延续一段时间，AFNetworking 也不例外。AFNetworking 2.X 将继续获得关键的安全补丁，仍可以放心使用，但不会增添新的功能了。

下面的类已从 AFNetworking 3.0 中弃用。

- AFURLConnectionOperation。
- AFHTTPRequestOperation。
- AFHTTPRequestOperationManager。

AFNetworking 2.X 是这样请求数据的。

```
AFHTTPRequestOperationManager *manager = [AFHTTPRequestOperationManager manager];
manager.responseSerializer = [AFHTTPResponseSerializer  serializer];
[manager GET:@"请求的url" parameters:nil success:^(AFHTTPRequestOperation
            *operation, id responseObject)
{
    NSLog(@"成功");
}
failure:^(AFHTTPRequestOperation *operation, NSError*error)
{
    NSLog(@"失败");
}];
```

在 AFNetworking 3.0 中，HTTP 网络请求返回的不再是 AFHTTPRequestOperation，而是 NSURLSessionDataTask。对 AFNetworking 3.0 而言，网络请求代码示例如下。

```
AFHTTPSessionManager *session = [AFHTTPSessionManager manager];
[session GET:@"请求的url" parameters:nil success:^(NSURLSessionDataTask
                *task, id responseObject)
{
```

```
    NSLog(@"成功");
}
failure:^(NSURLSessionDataTask *task, NSError *error)
{
    NSLog(@"失败");
}];
```

6.2.2 AFNetworking 框架使用方法

在工程中引入 AFNetworking 框架是一件颇为简单的事，这就得再用一个第三方——Cocoapods。在 iOS 项目开发中，稍微像回事的工程，动不动就得引入十来个第三方。为了有效管理这些第三方，才出现了“管理第三方的第三方”——Cocoapods。关于 Cocoapods 的安装和使用，这里不再过多赘述,网上有更为详尽的介绍。

Cocoapods 是 iOS 最常用的第三方类库管理工具，绝大部分有名的开源类库都支持 Cocoapods。正因为 AFNetworking 支持 Cocoapods，才使得应用起来非常简单。如果你已经安装好了 Cocoapods，只需要以下几步就能轻松引入 AFNetworking。

（1）创建 podfile 文件。打开 MAC 电脑上的终端窗口，在指定的工程路径下创建 podfile 文件，命令是：

```
touch podfile
```

创建成功后，会自动生成一个 podfile 文件，它是一个文本文件，可自行编辑。需要注意的是，为确保特殊字符的兼容性，最好在 Xcode 中打开这个 podfile 文件进行编辑；如果用 textEditor，会出现字符不识别现象，这个特殊的字符就是单引号的处理。

（2）编辑 podfile，引入 AFNetworking 的脚本，如下所示。

```
platform :ios,'8.0'
pod 'AFNetworking'
```

保存这个 podfile 文件并退出。

（3）下载 AFNetworking。在 MAC 终端窗口，输入命令：

```
pod install
```

这时候，等待安装完成吧。这过程需要几分钟的时间，就看网络是否给力了。如果出现异常，也不必惊慌。初学者在遇到错误时，第一反应就是从网上搜索答案，结果出现的错误越来越多。殊不知，换个好一点的网络环境，所有的错误瞬间消失。

（4）验证 AFNetworking 是否可用。在 Cocoapods 创建成功后，原有的工程会自动生成一个对应的 xcworkspace 工程（工作空间）。后续使用时，一定要打开这个以 xcworkspace 为后缀的工程文件。如果仍然打开.xcodeproj 文件，编译时会报错，原因是缺少了 AFNetworking 文件造成的。

验证 AFNetworking 能否正常工作的方法很简单，在工程文件中，添加以下代码。

```
#import <AFNetworking.h>
```

只需要引入一个 AFNetworking API，编译一下，如果正常，说明成功；反之，失败。

6.2.3 影响网络请求的几个条件

对于一个 App 来说，网络请求是必不可有少的，而且会在多处用到。稍微复杂些的 App，总觉得网络请求的模块很乱，既然说网络请求没有技术难点，那么，这种“乱”的感觉又是从何而来的呢？要解决这个问题，首先得了解下 iOS 网络请求的过程。

确定网络请求的 URL，URL 的全称是 Uniform Resource Locator（统一资源定位符），通过一个 URL，能找到互联网上唯一的一个资源。网址就是资源，我们所需要的数据存在服务器端，App 根据网址（NSURL）向后台发送请求（NSURLRequest）。

1. 网络请求的方式

APP 与后台服务器之间的数据交互，是通过网络请求的方式来实现的。网络请求最常用的方法有两种：GET 请求和 POST 请求。需要说明的是，网络请求并不是 iOS 所独有的，它是整个互联网通信共有的技术，可见其应用之广泛。对于 iOS 开发者来说，需有对 GET 和 POST 有一些基本的认识。

2. GET 请求和 POST 请求的区别

- GET 请求的接口会包含参数部分，参数会作为网址的一部分，服务器地址与参数之间通过字符“?”来间隔；POST 请求会将服务器地址与参数分开，请求接口中只有服务器地址，而参数会作为请求的一部分，提交后台服务器。
- GET 请求参数会出现在接口中，不安全；而 POST 请求相对安全。
- 虽然 GET 请求和 POST 请求都可以用来请求和提交数据，通常情况下 GET 多用于从后台请求数据，POST 多用于向后台提交数据。

关于 GET 和 POST 的选择，可参考以下几点：

（1）如果要传递大量数据，如文件上传，只能用 POST 请求。

（2）GET 的安全性比 POST 要差些，如果包含机密或敏感信息，建议用 POST。

（3）如果仅仅是获取数据（数据查询），建议使用 GET。

（4）如果是增加、修改、删除数据，建议使用 POST。

3. 发送请求

iOS 向服务器端发送请求，建立客户端与服务器端的连接（NSURLConnection 或 NSURLSessionTask），连接的方式有两种：同步与异步。

（1）同步连接：当建立同步连接的时，请求发出去以后，等着后台返回数据。只要后台还没有返回数据，那么其他的操作都不能进行。对于代码来说，只要同步请求未结束，它下面的代码就不会执行。

（2）异步连接：请求发出后，不用等待，即使后台的数据还没有返回，但仍然可以进行其他操作。在代码中的表现就是，发送了请求后，即使数据未返回，它下面的代码也可以继续执行。异步实现的方式有两种：一种是通过代理（Delegate），另一种是通过 Block 回调。这两种设计模式，在前面章节中都有详细讲述。

4．获取服务器的返回数据

服务器在得到客户端的请求后，不管成功还是失败，都会返回响应的数据。如果是网络连接问题，会给出连接超时的信息。

服务器的返回数据存放在 NSURLResponse 中，NSURLResponse 包括响应头和响应体，我们就是从这个 NSURLResponse 中提取所需要的数据的。

在清楚了网络请求的机制之后，我们再来审视下之前的这段代码示例。

```
AFHTTPSessionManager *session = [AFHTTPSessionManager manager];
[session GET:@"请求的 url" parameters:nil success:^(NSURLSessionDataTask
                      *task, id responseObject)
{
   NSLog(@"成功");
}
failure:^(NSURLSessionDataTask *task, NSError *error)
{
   NSLog(@"失败");
}];
```

上面这段网络请求代码，共包括以下几个参数。

- 请求方式。
- 请求的 URL。
- 请求参数（Parameters）。
- 成功返回的 Block（success）。
- 失败返回的 Block（failure）。

仅从这段代码来看，AFNetworking 的应用再简单不过了。问题在于，实际项目中，在很多地方都会用到网络请求。在调试过程中，URL 也需要不断地变化，比如，测试环境下的 URL 与生产环境的 URL 并不相同；网络请求的方法和接口也是多种多样的。对 URL 和请求方法，如果缺乏统一的管理，就会带来巨大的维护工作量。

6.2.4 善用 URL 宏定义

在实际项目中，经常看到类似这样的代码。

```
#define kOrderServerUrl @"http://192.168.10.172:8899/prj/app/order"
#define kMineServerUrl @"http://192.168.10.172:8899/prj/app/mine"
#define kStoreServerUrl @"http://192.168.10.172:8899/prj/app/store"
```

乍一看，这段代码没什么缺陷。在宏定义文件中，通过#define 声明几个 URL，又怎么了呢？

或许你已经发现，同样的代码，同样的 IP 地址，在多个地方重复出现，恐怕不妥吧！每当看到这类代码时，在我耳边时常回响起“面向对象的编程思想”的警示。作为一名程序员，我们应该追求代码更加简洁、优雅！

这里仅仅是给出一个代码片段，才不过三个 URL 而已。在实际项目中，时常多达几十个 URL。通篇的相同的 IP 地址，不仅仅是带来审美的疲劳，更大的问题是：在开发阶段，这个 IP 地址需要经常变动，至少需要区分一下测试环境和生产环境。我们期望的是，在改动 IP 时，只需要改动一个地方，改动一次；而不是到处搜索（Search），到处替换（Replace）！

对于这种情况，那该怎么解决呢？

其实，很简单，只需要再添加一个宏定义。如果留意的话，你会发现，一个好的框架必然会用到大量的宏定义。宏定义的妙处，不在于语法上的替换，而是原本复杂的代码经过宏定义后，瞬间简洁了很多。改进后的代码如下。

```
//如果请求地址和端口发生变化，只需在这里修改
#define SeverDomain @"http://192.168.10.10:8899/"
#define kOrderServerUrl SeverDomain@"prj/app/order"
#define kMineServerUrl  SeverDomain@"prj/app/mine"
#define kStoreServerUrl SeverDomain@"prj/app/store"
```

改进后，冗余的代码去掉了，如果请求地址和端口发生了变化，只需要在这里修改一次。这个看上去不起眼的改动，不仅减少了代码量，而且也避免了因修改多处而造成的低级错误。

6.2.5 URI 接口应统一管理

关于 URL 的应用，在实际项目中，也会看到类似下面的这段代码。

```
AFHTTPSessionManager *session = [AFHTTPSessionManager manager];
[session GET:[NSString stringWithFormat:@"%@%@",SeverDomain ,@"prj/app/order"]
parameters:nil
progress:nil
success:^(NSURLSessionDataTask * _Nonnull task, id _Nullable responseObject)
```

```
{
    NSLog(@"成功");
}
failure:^(NSURLSessionDataTask * _Nullable task, NSError * _Nonnull error)
{
    NSLog(@"失败");
}];
```

从代码所实现的功能来看，无可厚非；但从网络请求的维护性和潜在的问题来看，这段代码是不可取的，这是因为：

- URl 是网络请求与后台交互的接口，这个接口定义至关重要，应该放到一个.h 文件中统一管理。
- URL 应该由宏定义来声明，而不是用字符串拼接的方式来构建。二者最大的区别是，在调用宏定义时，Xcode 会自动跟随，如果拼写有误，编译会报错；而 Xcode 不会检查字符串拼写是否有误，即使拼写错误，编译器也不会报错。

改进后的代码，示例如下，在.h 文件中，通过宏定义声明 URL，如下所示。

```
#define SeverDomain @"http://192.168.10.172:8899/"
#define kOrderServerUrl SeverDomain@"prj/app/order"
```

当然，字符串的拼接也可以调用方法 stringByAppendingString:来实现。换一种表示方法，如下所示。

```
#define kOrderServerUrl [SeverDomain stringByAppendingString:@"prj/app/order"]
```

在.m 文件中，当触发网络请求时，添加以下代码：

```
AFHTTPSessionManager *session = [AFHTTPSessionManager manager];
[session GET: kOrderServerUrl
parameters:nil
progress:nil success:^(NSURLSessionDataTask * _Nonnull task, id _Nullable responseObject)
{
    NSLog(@"成功");
}
failure:^(NSURLSessionDataTask * _Nullable task, NSError * _Nonnull error)
{
    NSLog(@"失败");
}];
```

通过以上几行代码的改进，你会发现，代码瞬间规整了许多，可能出现的低级错误从根源上得以灭绝。当团队多人协作共同完成一个 App 时，如果每个人都自觉遵循一个约定的编程风格，编码的世界该是多么的美好！

6.2.6 AFNetworking 的二次封装

网络请求之所以看起来复杂，主要是受到内、外两方面因素的影响。从内部因素讲，iOS 自身的网络请求机制也在不断地改进，从早期的 NSURLConnection 到今天的 NSURLSession；从外部因素讲，以 AFNetworking 为代表的第三方的网络库也在不断地升级。第三方的网络库再强大，也离不开 iOS 网络框架的支撑，所以，一旦 iOS 自身网络框架发生变化，第三方的网络库必然随之而变。

既然 AFNetworking 已经很好用了，为何还要对它再封装呢？答案很简单，正是因为网络库经常变化，才做二次封装。

对 AFNetworking 进行二次封装后，使用起来会更加方便，适用性更强。封装的原则是，对经常变化的部分（如网络库）进行封装，把封装之后的 API 提供给自己的工程使用。即使以后网络库更新了，我们也只需要更新这个封装好的网络库即可。

如果直接使用 iOS 原生的 NSURLConnection 或 NSURLSession，也同样可以实现 App 的网络请求，只不过代码量无形中会增加很多，代码量一大，维护起来就很困难。

对于使用 AFNetworking 的开发者来说，如果是直接调用 AFNetworking 的 API，这样不是很理想，无法做到整个工程的统一配置，最好的方式就是对网络层再封装一层，全工程不允许直接使用 AFNetworking 的 API，必须调用我们自己封装的 API，如此一来，任何网络配置都可以在这一层配置好，使用者无须知道里面实现的细节，只管调用就可以了。

- 对 GET、POST 请求的判断。
- 对有无网络的判断。
- 请求超时的时间设置。
- 网络请求出现异常时，给出提示信息。

对于 AFNetworking 的二次封装，乍一听很在理，其实过度封装，也会带来局限性。很多情况下，这种封装是针对业务需要的，大可不必刻意地为封装而封装。

6.3 AFNetworking 的序列化问题

谈到 App 与后台的接口调试，尤其是在初期阶段，着实让人头痛。在约定接口时，经常说的一句话就是，前端与后台都要通过 HTTP 通信。这句话看似简单，其实到了调试阶段则会变得很复杂。这里给出一个经常遇到的场景：就拿请求验证码来说，App 通过 POST 方式将手机号发给后台，格式如下。

```
请求参数={
    cellnumber = 186116198XXX;
}
```

后台返回的数据显示，“手机号码为空，请重新输入！”

iOS 通过输出 log 信息看出，分明已经提交给后台了，而且其他工程的代码也是这么做的啊，为什么偏偏对接这个后台就报错了呢？

与后台调试接口，难就难在后台也不会轻易“认错”。后台的调试方法是，直接通过浏览器地址栏输入请求的 URL 和请求的参数来验证后台是不是有问题。就拿比较简单的验证码来说，在浏览器地址栏输入“http://192.168.10.10:8899/getCode? cellnumber = 186116198XXX”，短信验证码还真收到了。这样说来，后台也没有问题。那么问题究竟出现在哪个地方呢？

经过分析发现，这是因为 iOS 数据请求的序列化格式问题。后台可接收的虽然是 HTTP 协议格式，但具体到哪类数据格式又有区分了。这时候，要重点查看以下代码。

使用常规的 AFNetworking 访问网络，首先需要创建 AFHTTPSessionManager 的实例对象，代码如下。

```
AFHTTPSessionManager *manager = [AFHTTPSessionManager manager];
```

所有的网络请求，均有 manager 发起。需要注意的是，默认提交的数据请求格式是二进制的，后台返回的数据格式是 JSON，代码如下。

```
//iOS 请求数据编码为二进制格式
manager.requestSerializer = [AFHTTPRequestSerializer serializer];
//后台数据返回数据编码是 JSON 格式
manager.responseSerializer = [AFJSONResponseSerializer serializer];
```

所谓默认的格式，意思是说，上面这两行代码可写可不写。不写这两行代码，默认的就是这两种格式。如果不是这两种格式，就得写代码了。比如，如果数据请求的编码是 JSON 的，需要将请求格式设置为：

```
manager.requestSerializer = [AFJSONRequestSerializer serializer];
```

如果后台返回的数据编码不是 JSON，而是二进制格式，这时需要将数据响应格式设为：

```
manager.responseSerializer = [AFHTTPResponseSerializer  serializer];
```

6.3.1 AFNetworking 请求格式

通过对 requestSerializer 的设置来区分 AFNetworking 数据请求的序列化格式，网络请求的序列化编码有以下三种。

（1）AFHTTPRequestSerializer：普通的 HTTP 编码格式，也可以理解为二进制格式，类似于“cellnumber = 186116198XXX&token=123456”，这种格式就是可在浏览器上直接访问的格式。

（2）AFJSONRequestSerializer：是 JSON 编码格式，请求格式类似于“{" cellnumber": "186116198XXX","token":"123456"}”。

（3）AFPropertyListRequestSerializer：属于 pislt 格式，这种格式很少用，也可以理解为一种特殊的 XML 格式，解析起来相对容易。

在 AFNetworking 开源库的 AFURLRequestSerialization.h 文件中，可以看出 AFHTTPRequestSerializer 与 AFJSONRequestSerializer 的关系：

```
    'AFJSONRequestSerializer' is a subclass of 'AFHTTPRequestSerializer' that
encodes parameters as JSON using 'NSJSONSerialization', setting the 'Content-Type'
of the encoded request to 'application/json'.
```

意思是说，AFJSONRequestSerializer 是 AFHTTPRequestSerializer 的子类，AFJSONRequestSerializer 可以通过 JSON 数据格式请求后台，同时，将 Content-Type 的编码设为 application/json 类型，设置方式如下。

```
    manager.responseSerializer.acceptableContentTypes = [NSSet setWithObjects:
                          @"text/html",@"text/plain",@"application/json", nil];
```

6.3.2　AFNetworking 响应格式

与网络请求格式相对应的是后台的数据响应格式，AFNetworking 给出了以下几种数据响应格式。

- AFHTTPResponseSerializer：二进制格式。
- AFJSONResponseSerializer：JSON 格式。
- AFXMLParserResponseSerializer：XML 格式，只能返回 XMLParser,还需要自己通过代理方法解析。
- AFXMLDocumentResponseSerializer：Mac OS X 格式。
- AFPropertyListResponseSerializer：Plist 格式。
- AFImageResponseSerializer：Image 格式。
- AFCompoundResponseSerializer：组合格式。

6.4　异步请求数据并刷新 UI 页面

在处理 iOS 网络请求时，掌握多线程编程是必需的。应该说，只要是网络请求，都会遇到多线程的问题，不仅仅是 iOS 要求这样，其他的比如 Android、Java 开发，都会遇到大量的后台运行、多线程池、异步消息队列等问题，这些都要运用多线程技术来实现。虽然多线程技术看上起高深，其实需要我们自己编写多线程代码的地方并不多，当我们调用 iOS SDK 发起一个网络请求时，系统都会默认地自动开辟一个线程去处理。从而给人的感觉是，整个 iOS App 基本上就是在 Main 主线程中执行的。

App 中所有的触发动作，都是用户在页面上操作控件完成的；用户触摸控件，触发

新的事件，后台处理完成后，更新 UI 界面。只要是 UI 控件的更新，都是在主线程处理完成的。

开辟一个子线程，最典型的莫过于文件的下载，如离线地图的下载。下载地图时，每个省市的数据包是独立的，需要单独下载。我们可以同时下载多个省市的数据包，也可以一个接一个地下载。只要单击某个省市的下载按钮，系统就会启动一个新的子线程来请求网络数据。为了显示下载的进度，还需要边下载边更新主线程的 UI，iOS 提供了 GCD 机制来完成多线程的下载。

GCD（Grand Central Dispatch）是 Apple 开发的一个多核编程的解决方法，这里给出一个 GCD 应用的简单示例。

```
dispatch_async(dispatch_get_global_queue(DISPATCH_QUEUE_PRIORITY_DEFAULT, 0), ^{
    NSURL * url = [NSURL URLWithString:@"http://www.baidu.com"];
    NSError * error;
    NSString * data = [NSString stringWithContentsOfURL:url encoding:
                                    NSUTF8StringEncoding error:&error];
    if (data != nil)
    {
        dispatch_async(dispatch_get_main_queue(), ^{
            NSLog(@"根据后台返回的数据，更新 UI %@");
        });
    }
    else
    {
        NSLog(@"error when download:%@", error);
    }
});
```

这段代码中的一个重要的方法是 dispatch_async。在处理耗时的操作时，比如，下载超大的文件，为避免界面冻屏（Freeze），我们会另外开辟一个子线程请求网络数据，待下载完毕后，再通知主线程更新 UI 界面。这时候，用 GCD 来实现这个流程的操作比传统的 NSThread、NSOperation 方法都要简单，代码框架结构如下。

```
dispatch_async(dispatch_get_global_queue(DISPATCH_QUEUE_PRIORITY_DEFAULT, 0), ^{
    //处理耗时的任务，如下载
    dispatch_async(dispatch_get_main_queue(), ^{
        //后台任务完成后，更新界面
    });
});
```

6.5 远程文件下载

6.5.1 基于 AFNetworking 的文件下载

每当谈到文件的下载时，总会有一种望而生畏的感觉，同时下载多个文件怎么办？下载中网络出现异常，网络恢复后还能自动接着下载吗？对于好几个 GB 的超大文件能顺利下载吗？的确，网络下载可以做得很全面，也可以做得简单，这取决于产品的业务需求。对于一个 App 来说，下载都是为业务服务的，而不是一个强大的下载工具。只要在一定的网络条件下，能满足业务需求就可以了。

文件下载的实现方法，总体来讲有两种，一种是基于 AFNetworking，另一种是基于原生的 iOS SDK。前面谈到，AFNetworking 也是基于 iOS SDK 封装的第三方库。iOS 网络请求经历了 NSURLConnection 和 NSURLSession 两个阶段，与此相对应，AFNetworking 2.0 与 3.0 版本均实现了文件的下载。我们与时俱进，对于 AFNetworking 2.0 不再赘述。通过 AFNetworking 3.0 实现文件的下载代码示意如下。

```
#import "ViewController.h"
#import "AFNetworking.h"

@interface ViewController ()
{
    //下载操作
    NSURLSessionDownloadTask *_downloadTask;
}
@end
@implementation ViewController
- (void)downFileFromServer
{
    NSURL *URL = [NSURL URLWithString:@"http://www.baidu.com/img/bdlogo.png"];
    NSURLSessionConfiguration *configuration = [NSURLSessionConfiguration
                                    defaultSessionConfiguration];
    //AFNetworking 3.0+基于 URLSession 封装的句柄
    AFURLSessionManager *manager = [[AFURLSessionManager alloc] initWithSession
                                    Configuration:configuration];

    //请求
    NSURLRequest *request = [NSURLRequest requestWithURL:URL];
    //下载 Task 操作
    _downloadTask = [manager downloadTaskWithRequest:request progress:^
```

```
                    (NSProgress * _Nonnull downloadProgress)
    {
        //downloadProgress 的两个属性
        //@property int64_t totalUnitCount;  需要下载文件的总大小
        //@property int64_t completedUnitCount; 当前已经下载的大小

        //给 Progress 添加监听 KVO
        NSLog(@"下载的进度=%f",1.0 * downloadProgress.completedUnitCount/
                        downloadProgress.totalUnitCount);
        //切换到主线程刷新 UI，通过 progressView 显示下载进度条
        dispatch_async(dispatch_get_main_queue(), ^{
            self.progressView.progress = 1.0 * downloadProgress.completedUnitCount/
                        downloadProgress.totalUnitCount;
        });
    }
    destination:^NSURL * _Nonnull(NSURL * _Nonnull targetPath, NSURLResponse
                    * _Nonnull response)
    {
        //Block 的返回值，要求返回一个 URL，返回的这个 URL 就是文件下载后所在的路径
        NSString *cachesPath = [NSSearchPathForDirectoriesInDomains(
                    NSCachesDirectory, NSUserDomainMask, YES) lastObject];
        NSString *path = [cachesPath stringByAppendingPathComponent:
                                response.suggestedFilename];
        return [NSURL fileURLWithPath:path];
    }
    completionHandler:^(NSURLResponse * _Nonnull response, NSURL * _Nullable
                    filePath, NSError * _Nullable error)
    {
        //filePath 就是下载文件的路径；如果是 zip 文件，需要在这里解压缩
        NSString *imgFilePath = [filePath path];//将 NSURL 转成 NSString
        UIImage *img = [UIImage imageWithContentsOfFile:imgFilePath];
        self.imageView.image = img;
    }];
}
```

以上这段代码实现了文件的下载和存储。这里，需要注意 NSURL 的使用，在请求网络时，必须调用 NSURL 的类方法 URLWithString，这样才可以请求到网络的 URL，示意代码如下。

```
NSURL *URL = [NSURL URLWithString:@"http://www.abc.com/img.png"];
```

而在访问本地文件时，必须调用 NSURL 的 fileURLWithPath 方法，示意代码如下。

```
[NSURL fileURLWithPath:path];
```

开始下载的方法为：

```
[_downloadTask resume];
```

暂停下载的方法为：

```
[_downloadTask suspend];
```

6.5.2 基于 NSURLSession 的文件下载

关于 iOS 的文件下载，早期是基于 NSURLConnection 实现的，原本这种机制已经足够强大；正如人们常说的，没有最好只有更好。在 iOS 7，Apple 官方推出了另外一种下载模式，这就是 NSURLSession。有了这个神器，即使应用程序进入后台，也依然可以下载文件。

与 NSURLConnection 的使用类似，我们也要通过实现 NSURLConnection 的代理方法来完成下载的任务。这个代理就是 NSURLSessionDownloadDelegate，我们需要实现它的以下四个代理方法。

```
-(void)URLSession:(NSURLSession *)session downloadTask:
                  (NSURLSessionDownloadTask *)downloadTask didWriteData:
                  (int64_t)bytesWritten totalBytesWritten:
                  (int64_t)totalBytesWritten totalBytesExpectedToWrite:
                  (int64_t)totalBytesExpectedToWrite

-(void)URLSession:(NSURLSession *)session task:(NSURLSessionTask *)task
                  didCompleteWithError:(NSError *)error

-(void)URLSession:(NSURLSession *)session downloadTask:
                  (NSURLSessionDownloadTask *)downloadTask didResumeAtOffset:
                  (int64_t)fileOffset expectedTotalBytes:
                  (int64_t)expectedTotalBytes

-(void)URLSession:(NSURLSession *)session downloadTask:(NSURLSessionDownloadTask *)
                  downloadTask didFinishDownloadingToURL:(NSURL *)location
```

当使用 NSURLConnection 时，每次网络请求都会创建一个链接；而使用 NSURLSession 时，每次网络请求都会创建一个 Session（会话），所以在用到 NSURLSession 时，首先要创建一个 Configuration（配置），让这个 Configuration 运行在后台；这个 Configuration 的 ID 应该是唯一的，最好是应用程序的 bundle identifier，如 com.yourCompany.appName；然后基于 configuration 创建一个 Session。代码如下：

```
NSURLSessionConfiguration* config = [NSURLSessionConfiguration
      backgroundSessionConfiguration:@"myUniqueAppID"];
_session = [NSURLSession sessionWithConfiguration:config delegate:self
      delegateQueue:[NSOperationQueue mainQueue]];
```

创建了 Configuration 后，就可以初始化 Session。在初始化 Session 时，设置好 session 的 Delegate，并把 delegateQueue 设为 mainQueue。

我们的目标是下载网络上的文件，一旦可以获取到网络的 URL，就可以通过 Session 创建一个下载的任务，所以 downloadTask 是必不可少的，代码如下。

```
//一个带有 URL 的请求
NSURLSessionDownloadTask* task = [_session downloadTaskWithRequest:request];
[task resume];
```

当 downloadTask 开始下载文件时，它会把文件先下载到一个临时文件目录下，即使没有设置这个存储路径也没有关系，系统会自动创建，不用担心。

在文件下载的过程中，它会告知下载的进度，已经下载了多少。我们再通个主进程的调用，通过下载的进度条提示给用户，代码如下。

```
-(void)URLSession:(NSURLSession *)session downloadTask:(NSURLSessionDownloadTask *)
                downloadTask didWriteData:(int64_t)bytesWritten totalBytesWritten:
                (int64_t)totalBytesWritten totalBytesExpectedToWrite:
                (int64_t)totalBytesExpectedToWrite
{
    CGFloat percentDone = (double)totalBytesWritten/
                (double)totalBytesExpectedToWrite;  //通知下载的进度
}
```

一旦文件下载完毕，就会调用以下 Delegate 方法。

```
-(void)URLSession:(NSURLSession *)session downloadTask:(NSURLSessionDownloadTask *)
              downloadTask didFinishDownloadingToURL:(NSURL *)location
{
//文件下载完成后，将下载的临时文件移到永久性的目录中，并删除临时文件。如果是压缩文件，
  解压的过程也是在这里完成的
}
```

以上就是基于 NSURLSession 实现文件下载的流程，总的来说，实现文件的下载没有想象中那么难。这一切，正是源于 NSURLSession 为我们提供了强大的后盾。

6.5.3 网络安全访问设置

从 iOS 9 开始，苹果新增了 App Transport Security（ATS）特性，之前的网络请求是 HTTP 协议，现在都转向 TLS1.2 协议进行传输。这也意味着所有的 HTTP 协议都强制使用了 HTTPS 协议了。这个改动的直接影响是，Xcode7 默认的 HTTPS 协议，如果仍然想进行 HTTP 请求，运行时就就会报如下错误。

```
App Transport Security has blocked a cleartext HTTP (http://) resource load since it is insecure. Temporary exceptions can be configured via your app's Info.plist file.
```

系统告诉我们不能直接使用 HTTP 进行请求，需要在 Info.plist 文件中新增一段用于控制 ATS 的配置，方法如下。

- 在 Info.plist 中添加 NSAppTransportSecurity 类型 Dictionary。
- 在 NSAppTransportSecurity 下添加 NSAllowsArbitraryLoads 类型 Boolean，值设为 YES。

经过以上两步设置后，Info.plist 配置如图 6-1 所示。

▼ App Transport Security Settings	Dictionary	(1 item)
Allow Arbitrary Loads	Boolean	YES

图 6-1　网络安全设置

这种基于图形界面的设置，操作看起来并不简单，经常出现错位的情况。如果不习惯这种操作，还可以采用代码编辑方式：在左侧工程导航栏，找到 Info.plist 文件，右键单击 Open As-Source Code。添加 NSAppTransportSecurity 项，代码如下。

```
<key>NSAppTransportSecurity</key>
<dict>
    <key>NSAllowsArbitraryLoads</key>
    <true/>
</dict>
```

6.6　小结

在 iOS 网络请求的第三方框架中，AFNetworking 一枝独秀。可以说，只要与网络相关的，没有 AFNetworking 解决不了的。有了 AFNetworking，原本看似神秘的网络操作，瞬间变得如此的简洁易用，以至于每一位 iOS 开发者都可以做到驾轻就熟！

第 7 章 JavaScript 基础

7.1 JavaScript 语法

JavaScript 是一种基于对象和事件驱动并具有安全性能的解释型脚本语言。JavaScript 脚本语言与其他语言一样，有其自身的语法、数据类型、运算符、表达式等。

JavaScript 程序按照在 HTML 文件中出现的顺序逐行执行。如果需要在整个 HTML 文件中执行（如函数、全局变量等），最好将其放在 HTML 文件的“<head>……</head>”标记中。某些代码，比如函数体内的代码，不会被立即执行，只有当所在的函数被其他程序调用时，该代码才会被执行。

JavaScript 对字母大小写是敏感（严格区分字母大小写）的，也就是说，在输入语言的关键字、函数名、变量，以及其他标识符时，都必须采用正确的大小写形式。例如，变量 username 与变量 userName 是两个不同的变量。这一点要特别注意，因为与 JavaScript 紧密相关的 HTML 是不区分大小写的，这一点很容易混淆。

许多 JavaScript 对象和属性都与其相应的 HTML 标记或属性同名。在 HTML 中，这些名称可以以任意的大小写方式输入而不会引起混乱，但在 JavaScript 中，这些名称通常都是小写的。例如，HTML 中的事件处理器属性 ONCLICK 通常被声明为 onClick 或 OnClick，而在 JavaScript 中只能使用 onclick。

与其他语言不同的是，JavaScript 并不要求必须以分号（;）作为语句的结束标记。如果语句的结束处没有分号，JavaScript 会自动将该行代码的结尾作为语句的结尾。

例如，下面两行代码都是正确的。

```
alert("欢迎学习 iOS 企业级应用开发技术")    //结尾不带分号
alert("欢迎学习 iOS 企业级应用开发技术");   //以分号结尾
```

当然，最好的代码编写习惯是在每行代码的结尾处加上分号，这样可以保证每行代码的准确性。

7.2 变量的声明与赋值

在 JavaScript 中，使用变量前需要先声明变量。所有的 JavaScript 变量都由关键字 var 声明，语法格式如下。

```
var variable;
```

声明变量的同时，也可以对变量进行赋值，即对变量进行初始化，例如：

```
var variable = 10;
```

如果只是声明了变量，并未对其赋值，则其值缺省为 undefined。

当给一个尚未通过 var 声明的变量赋值时，JavaScript 会自动用该变量名创建一个全局变量。通常，我们希望在函数内部声明的变量是局部变量，仅在函数内部起作用。为此，在函数内部创建一个局部变量时，必须使用 var 语句进行变量声明。

变量的作用域（Scope）是指某变量在程序中的有效范围，也就是程序中定义这个变量的区域。在 JavaScript 中，变量根据作用域可以分为两种：全局变量和局部变量。全局变量是定义在所有函数之外，作用于整个脚本代码的变量；局部变量是定义在函数体内，只作用于函数体的变量，函数的参数也是局部性的，只在函数内部起作用。例如，下面的程序代码说明了变量作用域的有效范围。

```
<script type="text/javascript">
    var a;                          //该变量在函数外声明，作用于整个脚本代码
    function myfun()
    {
        a = "iOS 企业级应用";
        var b = "开发技术";          //该变量在函数体内声明，只作用于该函数体
        alert (a +b);
    }
    myfun();                        //函数调用
</script>
```

把以上代码内嵌到一个 HTML 文件中，并在浏览器中打开这个 HTML 文件，弹出的 alert 提示框，如图 7-1 所示。

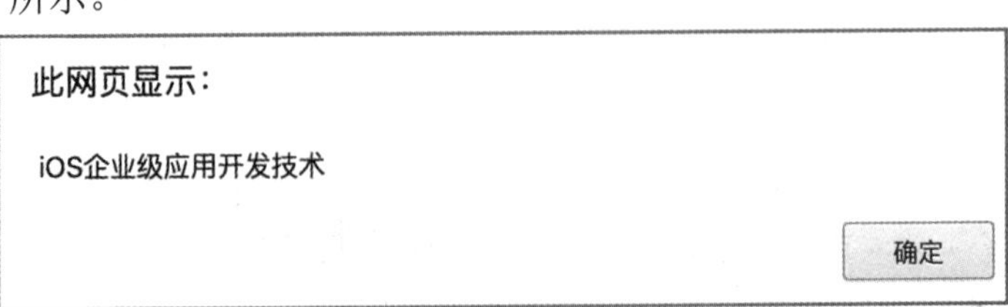

图 7-1　在浏览器中弹出的 alert 提示框

以下是完整的 HTML 文件，可通过浏览器打开运行。

```
//index.html
<!DOCTYPE html>
<html>
  <head> </head>
    <body>
      <h1>My First HTML</h1>
    <script type="text/javascript">
    var a;                          //该变量在函数外声明，作用于整个脚本代码
    function myfun() {
      a = " iOS 企业级应用";
      var b = "开发技术";            //该变量在函数体内声明，只作用于该函数体
      alert (a +b);
    }
      myfun();
    </script>
</body>
</html>
```

7.3　如何判断两个字符串是否相等

不管用哪个编程语言，逻辑判断都是最基本的，JavaScript 也不例外。在逻辑判断时，有时需要判断两个字符串是否相等，如果使用不当，就会出现匪夷所思的结果。更为有意思的是，在 JavaScript 中，还会出现“= = =”（三个连等号）的情况。

JavaScript 有两种相等运算符：一种是完全向后兼容的，标准的“= =”，如果两个操作数类型不一致，它会在某些时候自动对操作数进行类型转换。

1．第一种情况（==）

```
var strA = "Account";
var strB = new String("Account");
```

这两个变量 strA 和 strB 含有相同的字符串，但它们的数据类型不同，strA 是 String，而 strB 是 Object。在使用“= =”操作符时，JavaScript 会尝试各种求值，以检测两者是否会在某种情况下相等。

```
var strA = "Account";
var strB = new String("Account");
if (strA == strB)
{
```

```
    console.log("strA与strB相等");
}
else
{
    console.log("strA与strB不相等");
}
```

运行结果是“strA 与 strB 相等”。

2. 再看第二种情况（===）

操作符是严格的“===”，它在求值时不会这么宽容，不会进行类型转换。在这种情况下，虽然两个变量所拥有字符串相同，但表达式“strA === strB”的值为 false。代码改写如下。

```
var strA = "Account";
var strB = new String("Account");
if (strA === strB)
{
    console.log("strA与strB相等");
}
else
{
    console.log("strA与strB不相等");
}
```

输出结果是“strA 与 strB 不相等”。

顺带讲一下，有时代码的逻辑要求判断两个值是否不相等，这里也有两个选择：“!=”和严格的“!==”，它们的关系类似于“==”和“===”。

7.4 创建 JavaScript 对象的三种方法

JavaScript 有许多自己所特有的对象，也称为内置对象，如 Number、Array、String、Date 等，这些内置对象都有自己的属性和方法。除了 JavaScript 外，本书用到的 Node.js、MongoDB、Express 和 AngularJS 也构建了自己的内置对象。正是有了对象的应用，才方便了程序的开发。

一个对象实际上是一个容器，这个容器既可以存放值，也可以存放方法。对象的值称为对象的属性，一句话，对象由属性和方法组成。

举个例子，一个典型的 JavaScript 对象声明如下所示。

```
var obj =
{
    name: "My Object",
```

```
    value: 8,
    getValue: function()
    {
        return this.name;
    }
}
```

声明了对象后，可以通过对象[属性名]的语法来访问 JavaScript 对象的成员，比如：

```
console.log(obj["name"] );              //输出：My Object
console.log(obj["value"] );             //输出：8
console.log(obj.getValue() );           //输出：My Object
```

从中可以看出，使用 JavaScript 内置对象，可以很方便地访问对象的属性和方法。事实上，我们有多种方法创建一个 JavaScript 对象。

1．自定义对象

最简单的创建 JavaScript 对象方法是：即时创建，即时使用。只需创建一个通用的对象，然后根据需要，添加其属性和方法。例如，创建一个用户对象，并赋给它一个名字和年龄，再声明一个函数来返回这两个属性，代码如下。

```
var user = new Object();
user.name = "张三";
user.age  = 18;
user.getUser = function()
{
    return this.name + " " + this.age;
}
console.log(user.name);                 //输出：张三
console.log(user.age );                 //输出：18
console.log(user.getUser() );           //输出：张三 18
```

2．可重用的 JavaScript 对象

如果需要一个可重用的对象，最好的方法是将对象封装在自身的函数块里面，这样做其实就是把对象做了一个很好的封装。例如：

```
function User(name, age)
{
    this.name = name;
    this.age  = age;
    this.getUser = function()
    {
```

```
        return this.name + " " + this.age;
    }
}

var user = new User("张三",18);
console.log(user.name);                        //输出：张三
console.log(user.age );                        //输出：18
console.log(user.getUser() );                  //输出：张三 18
```

我们可以通过点符号访问对象的属性（object.propertyName），如 user.name。同样，也可以通过点符号访问对象的函数（object.function），如 user.getUser()。

3. 通过原型模式创建对象

创建 JavaScript 对象更先进的方法是使用原型（Prototype）模式，这种模式是指在对象的原型属性中定义新的函数。在原型中定义的函数，在新创建一个 JavaScript 对象时，这个原型中的函数只被加载一次。例如：

```
function UserP(name, age)
{
    this.name = name;
    this.age  = age;
}
UserP.prototype =
{
    getUser: function()
    {
        return ("prototype=" + this.name + " " + this.age);
    }
};
var user = new UserP("张三",18);
console.log(user.name);                        //输出：张三
console.log(user.age );                        //输出：18
console.log(user.getUser() );                  //输出：prototype=张三 18
```

再来看一下通过原型模式定义对象的过程：首先声明了一个对象 UserP，然后在 UserP.prototype 内部声明了一个函数 getUser()。其实，我们可以在 prototype 中声明多个函数。每当创建一个新的对象时，这些原型中的函数都可以被正常调用。

7.5 函数声明与函数表达式

在编程的世界，我们听到最多的是面向对象的编程。在 JavaScript 编程中，有时会听到这样的说法：JavaScript 是一种函数式编程。为了理解什么是函数式编程，我们先要弄清楚 JavaScript 的函数声明与函数表达式。

1. 函数声明

JavaScript 解析器在向执行环境中加载数据时，对函数声明和函数表达式并非一视同仁。解析器会率先读取函数声明，并使其在执行任何代码之前可用；至于函数表达式，则必须等到解析器执行到它所在的代码行，才会真正被解释执行。我们来看看下面的一个例子。

```
alert(sum (10,10));
function sum (num1, num2)
{
    return num1 + num2;
}
```

以上这段代码完全可以正常运行。运行 JavaScript 的两种方法：我们可以把 JavaScript 代码内嵌到 HTML 页面中，或通过启动 Node.js 服务（关于 Node.js，详见后面的全栈技术章节）来运行 JavaScript 代码。

回到上面这段代码，先调用函数，再声明一个函数。通常的做法是先声明，再调用。在函数声明中，尽管所声明的函数在调用它的代码后面，JavaScript 引擎也能把函数声明提升到顶部。

2. 函数表达式

我们改写一下代码，把上面的函数声明改为等价的函数表达式，修改后的代码如下所示。

```
alert(sum (10,10));
var sum = function (num1, num2)
{
    return num1 + num2;
}
```

运行以上代码会产生错误，在浏览器上的报错信息如下。

```
Uncaught TypeError: sum is not a function
```

产生错误的原因在于，函数位于一个初始化语句中，而不是一个函数声明。换句话说，在执行到函数所在的语句之前，变量 sum 中不会保存有对函数的引用。在执行到第一行代码时，就会报错。

我们调整一下函数调用顺序，先定义一个函数表达式，再调用，代码如下。

```
var sum = function (num1, num2)
{
    return num1 + num2;
```

```
}
alert(sum (10,10));
```

这时候，再来运行代码，发现一切正常了。也就是说，函数声明与函数表达式的语法其实是等价的，它们唯一的区别是，函数表达式可以通过变量来访问函数。

读到这里，你或许会产生一种想法，能不能同时使用函数声明和函数表达式呢？例如：

```
var sum = function sum (num1, num2)
{
    return num1 + num2;
}
alert(sum (10,10));
```

这种表达方法可能出现浏览器的兼容问题，既然我们已经清楚了函数声明与函数表达式的应用场景，那就没有必要将二者混淆在一起了。

3. 函数声明与函数表达式的应用场景

在 JavaScript 中，创建函数主要有两种方法：函数声明与函数表达式，这两种方法的应用场景不同。先来看一个函数声明的例子。

```
function add(a,b)
{
    return a + b;
}
console.log(add(2,3));    //"5"
```

这种函数声明和函数调用的方式，与其他的编程语言极为相似。JavaScript 的绝妙之处在于它的函数表达式。对于函数表达式来说，函数的名称是可选的，比如：

```
var sub = function(a,b)
{
    return a - b;
}
```

在这个例子中，函数表达式中的函数没有名称，属于匿名函数表达式。再看一个例子。

```
var sub = function f(a,b)
{
    return a - b;
}
```

不管是函数声明还是函数表达式，只要是函数，都是可以被调用的，这里给出了两种函数调用方式。

```
console.log(f(9,6));                    //错误调用方式
```

```
console.log(sub(9,6));                //正确调用方式
```

在这个例子中，函数表达式中的名称是 f，这个名称 f 实际上变成了函数内部的一个局部变量，这种函数表达式在函数递归时有很大的用途。

从中可以看出，JavaScript 的函数语法过于灵活。即使声明一个函数，居然还有多个套路。越是灵活多变，反倒越不容易把控。在 JavaScript 表达式中，即便省略分号，也不会报错，这一点让初学者很不习惯。

7.6 可立即调用的函数表达式

在 JavaScript 语言中，既有 function 语句，也有函数表达式。函数表达式在其他编程语言中，是比较少见的，函数表达式的出现，让初学者常常感到迷惑，这是因为 function 语句与函数表达式看起来是相同的。一个 function 语句就是，它的值为一个函数的 var 语句的简写形式，例如，下面的语句：

```
function f ( ) { };
```

相当于

```
var f = function ( ) { };
```

在 JavaScript 编程中，用得更多的是第二种形式，因为它能明确表示 f 是一个包含一个函数值的变量。要用好 JavaScript 这门语言，需要弄清楚一个概念：函数就是对象。

function 语句在解析时会被提升，这意味着不管 function 被放到哪里，在解析时，它都会被移动到定义时所在作用域的顶层。这样一来，就放宽了函数必须先声明后使用的要求。

在 JavaScript 中，通常是这样声明和调用函数的。

```
var myFunction = function()
{
   //code
};
myFunction();                    //立即执行上面定义的函数
```

在上面的例子中，我们创建了一个匿名函数，并它赋值给一个变量 myFunction。调用该函数时，我们在变量名后面加一对小括号，即 myFunction()。

在 JavaScript 中，还有一种自动立即执行的函数表达式（Immediately-Invoked Function Expression），它的作用是定义一个函数，然后立即调用它。

根据 JavaScript 官方的约定，一个语句不能以一个函数表达式开头，而以关键词 function 开头的语句是一个 function 预计。解决这个问题的方法就是把函数表达式括在一对小括号之中，比如：

```
( function ( )
{
    /* 代码 */
} ( ) );
```

在 JavaScript 中，变量只不过是值的一种表现形式，所以在出现变量的地方也可以用值来替换。当这个变量的值是一个匿名函数时，替换时就要注意了：可以用一对小括号将一个匿名函数的声明括起来，这样解析器在解析到 function 关键字时，就会将这个函数声明转换成一个函数表达式，所以，上面的例子也可以改写成：

```
(function(){ /* code */ } ) ();                //推荐使用这种方式
(function(){ /* code */ }  ());                //这种方式也可以
(function(){ /* code */ } ) (1);               //传入参数 1
(function(){ /* code */ }  ());                //传入参数 2
```

这种模式在 JavaScript 中得到了广泛的应用。比如，Bootstrap 中的所有 JS 插件都用到了这个模式，以常用的 alert.js 文件来说，里面有这样的代码。

```
+ function ($)
{
    "use strict";                          //使用严格模式 ES5 支持
} (jQuery);
```

以上代码的意思是，声明了一个 function，然后立即执行，并且在执行的时候传入 jQuery 对象作为参数。这么做的好处是，此时 function 内部的$已经是局部变量了，不会再受外部作用域的影响了。

我们注意到，function 前面有一个“+”号。其实，这个“+”号和分号的功能是一样的，主要是为了防止定义不符合规定的代码。比如，上面的这段代码如果没有+号，这段代码就会与上下文的代码连在一起执行，此时就会报错。在 function 前面加上“+”号，就避免了出错的可能性。当然，还可以换为另外一种写法。

```
;function ($)
{
   "use strict";
} (jQuery);
```

这是另外一种表达方式，function 前面的“+”号换成了分号。

总的来说，在 function 关键字前面有一个加号运算符“+”，其主要目的是防止前面有未正常结束的代码（通常是遗漏了分号），导致前后代码被编译器认为是一体的，从而使代码运行出错。

7.7　循环的实现

for 循环语句也称为计次循环语句，一般用于循环次数已知的情况，在 JavaScript 中应用比较广泛。for 循环语句的语法格式为：

```
for (var i = Things.length - 1; i >= 0; i--) {
    Things[i]
}
```

for 循环语句执行的过程是：先执行初始化语句，然后判断循环条件，如果循环条件的结果为 true，则执行一次循环体，否则直接退出循环，最后执行迭代语句，改变循环变量的值，至此完成一次循环；接下来将进行下一次循环，直到循环条件的结果为 false，才结束循环。

这是一种常规的 for 循环的应用，还有另外一种 for 循环格式，它就是 for-in 循环。for-in 语句用于对数组对象的属性进行遍历操作，for-in 循环中的代码每执行一次，就会对数组对象的属性进行一次操作。for-in 循环通常用在数组对象的遍历上，使用 for-in 进行循环也被称为“枚举”。

语法如下：

```
for(变量 in 对象)
{
    //在此执行代码
}
```

这里的变量可以是数组元素，也可以是对象的属性。例如，我们看看如何在一个数组上使用 for-in 循环。

```
var days = ["Mon.", "Tue.","Wed.","Thu.","Fri.","Sat.","Sun."];
for (var index in days)
{
    console.log("It's  " + days[index] );
}
```

注意：index 是一个索引变量。每次循环时，变量 index 都会被调用，遍历从数组的开始到数组的最后，遍历整个数组。在终端窗口，会输出以下结果。

```
It's  Mon.
It's  Tue.
It's  Wed.
It's  Thu.
It's  Fri.
```

```
It's  Sat.
It's  Sun.
```

前面提到，运行 JavaScript，有两种方法。

（1）把 JavaScript 代码内嵌到 HTML 网页中，通过浏览器来运行；

（2）通过 Node.js 来运行，前提是安装了 Node.js。

代码中经常用到 console.log()方法，目的是为了便于调试。如果这个 log 方法内嵌在 HTML 网页中，该 log 信息在浏览器的 console 中输出；如果 log 方法内嵌在一个单纯的 JS 文件中，当通过 Node.js 来运行时，其 log 信息输出在终端窗口中。

在使用 for-in 循环时，要针对对象来使用，而不要对数组使用，示例代码如下。

```
var  foo = [];
foo[10] = 10;
for (var i  in foo)
{
    console.log(i);
}
```

上述代码中，只打印一次。因为在整个 foo 数组对象内部，只有一个对象，这个结果是我们期望的，只输出 10。反过来，如果写为 for 循环，代码如下：

```
for (var i = 0; i < foo.length; i++)
{
    console.log(i);
}
```

输出的结果是 0～10，这显然不是我们所期望的。

7.8 防止 JavaScript 自动插入分号

JavaScript 语言有一个机制：在解析时，能够在一句话后面自动插入一个分号，用来修改语句末尾遗漏的分号分隔符。问题就在于，有时候，JavaScript 会不合时宜地插入分号“;”，换句话说，不该插入分号的地方，偏偏插入了分号“;”，从而造成了莫名其妙的错误。

先来看看下面的一段代码。

```
var sum = function (num1, num2)
{
    Return;
    (num1 + num2);
}
alert(sum (10,10));
```

看起来这里要返回一个表达式，运行时却报错（undefined），页面上弹出的报错信息，如图 7-2 所示。

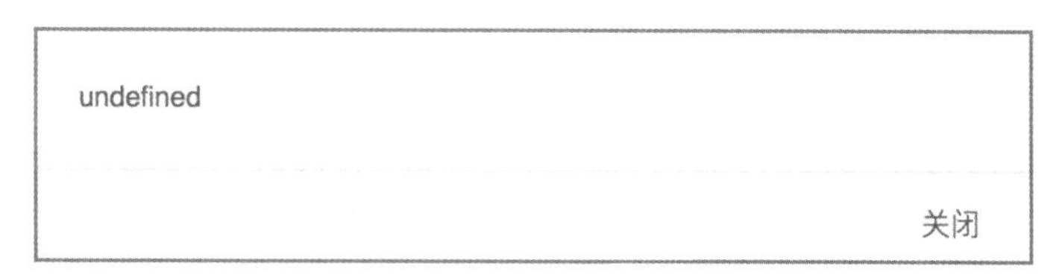

图 7-2　JavaScript 表达式的报错信息

究其原因，是因为 JavaScript 自动插入了一个分号，在 return 后面自动插入了一个分号。代码如下。

```
var sum = function (num1, num2)
{
    return;
    (num1 + num2);
}
alert(sum (10,10));
```

JavaScript 在 return 后面自动插入了一个分号，让它返回了 undefined，从而导致后续真正要返回的对象被忽略。

更让人困惑的是，当自动插入分号导致程序被误解时，并不会有任何警告提醒。为了方便演示，在上面的例子中，我们有意地加上了 alert 提示框。在项目实战中，是不会无谓地弹出这样的提示窗口的。

那么，该如何防止 JavaScript 自动插入分号呢？如果 return 语句要返回一个值，这个值的表达式的开始部分必须和 return 在同一行上，最为稳妥的方法是：

```
var sum = function (num1, num2)
{
    return  (num1 + num2);
}
alert(sum (10,10));
```

7.9　严格模式

ECMAScript 5 引入了严格模式（Strict Mode）的概念，严格模式为 JavaScript 定义了一种不同的解析和执行模型。在严格模式下，ECMAScript 3 中的一些不确定的行为将得到处理，

而且对某些不安全的操作也会抛出错误。要在 JS 文件中启用严格模式，可以在顶部添加“"use strict"”，代码示例如下。

```
//server.js
"use strict"
var http = require("http");
var app = http.createServer(function(request, response)
{
    response.writeHead(200, {"Content-Type": "text/plain"});
    response.end("Hello world!");
});
```

文件开始的“"use strict"”语句，表示以严格模式运行。这行代码看起来像字符串，而且也没有赋值给任何变量，但其实它是一个编译指令，用于告诉支持的 JavaScript 引擎切换到严格模式。这是为不破坏 ECMAScript 3 语法而特意选定的语法。

在函数内部的上方包含这条编译指令，从而指定该函数在严格模式下执行。

```
function doSomething()
{
    "use strict"
    /* 函数体 */
}
```

7.10 如何运行与调试 JavaScript 代码

对于 JavaScript 初学者来说，常遇到的一个困惑是：在网上可以搜到大量的 JavaScript 代码示例，但不清楚在什么环境下运行它？

为解决 JavaScript 运行问题，我们先来回顾下 JavaScript 是怎么工作的。一方面，JavaScript 可以通过<script>标签，内嵌在 HTML 网页中，通过浏览器运行；另一方面，可以直接在 Node.js 环境下运行。

7.10.1 把 JavaScript 代码内嵌到 HTML 页面中

我们先来看第一种情况：在 Sublime Text 编辑中，创建一个 HTML 文件。先把标准的 HTML 标签写好，在<body>标签中添加一段 JavaScript 代码，如下所示。

```
<!DOCTYPE html>
<html>
<head>
```

```
        <title> 测试</title>
    </head>
    <body>
     <script type="text/javascript">
        var sub = function f(a,b)
        {
            return a - b;
        }
        console.log(sub(9,6));
        </script>
    </body>
    </html>>
```

在 Chrome 浏览器中打开这个 HTML 文件，页面是一片空白。的确，我们只是输出了一个 log，但这个 log 在哪里呢？既然是 console.log，就是输出在控制面板中。为了调试浏览器中的代码，打开 Chrome 中的“开发工具”窗口，在 Console 中，看到了正常的 log 信息，如图 7-3 所示。

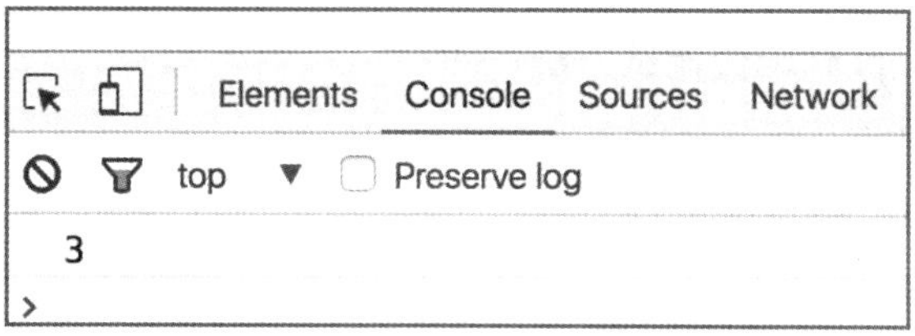

Elements Console Sources Network
top ▼ Preserve log
3

图 7-3 Chrome 浏览器中 log 信息

以上的输出是针对“console.log(sub(9,6))”，如果换为“console.log(f(9,6))”，那又将怎样呢？出现了错误信息“f is not defined”，如图 7-4 所示。这是一种 undefined 错误，说明这种函数调用方式有误。

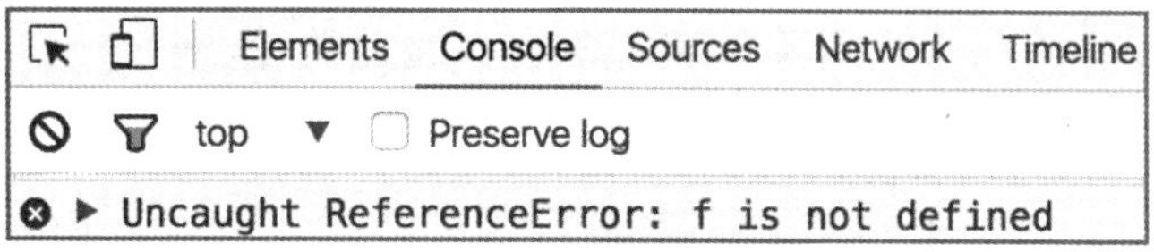

Elements Console Sources Network Timeline
top ▼ Preserve log
Uncaught ReferenceError: f is not defined

图 7-4 在 Chrome 浏览器中查看报错信息

既然有了明确的错误提示信息，修复起来反倒是一件较为简单的事。这种调试 JavaScript 代码的方法是将 JS 代码内嵌到了 HTML 网页中，为了调试 JS，还得写上一段 HTML 标签，有没有一种更为快捷的调试 JS 代码方法呢？这时候，我们自然想到了 Node.js。

7.10.2　通过 Node.js 运行 JavaScript 代码

不错，Node.js 就是为 JavaScript 而生的，我们完全可以在 Node 环境下调试 JavaScript 代码。例如，创建一个 JS 文件，添加以下代码。

```
//test.js
var sub = function f(a,b)
{
    return a - b;
}
console.log(sub(9,6));
```

打开终端窗口，进入该 JS 文件所在的路径，输入 node 指令（当然，前提是已经安装了 Node.js）。通过 node 指令运行该 JS 文件，如 node test.js。

还是同样代码，其 log 输出在终端窗口中，这种方法比在浏览器中调试 JS 要方便得多。同样，如果换成“console.log(sub(9,6));”会出现报错。

```
console.log(f(9,6));
ReferenceError: f is not defined
```

以上讲述了 JavaScript 代码的调试方法，即：

- 通过浏览器来调试，这种方法还得写一段 HTML 页面。
- 通过 Node.js 调试 JavaScript 很方便，不过需要安装 Node.js 环境。

在全栈开发中，我们用到了 Node.js，而 Node.js 又是 JavaScript 的运行环境，这么说来，在 Node.js 上调试 JavaScript 代码是再方便不过了。关于 Node.js 的安装与使用，详见后面的 Node.js 章节。

7.11　JavaScript 的面向对象设计思想

面向对象（Object-Oriented，OO）的语言有一个标志，那就是它们都有类的概念，如 C++、Java、Objective-C 等面向对象的编程语言。通过类可以创建任意多个具有相同属性和方法的对象。而 JavaScript 中没有类的概念，因此，JavaScript 中的对象与基于类的对象有所不同。

在 JavaScript 中，把对象定义为：“无序属性的集合，其属性可以包含基本值、对象或者函数”。严格来讲，这就相当于说对象是一组没有特定顺序的值。对象的每个属性和方法都有一个对应的值，而这种结构，恰恰是我们常说的 Key-Value（键值对）格式。

JavaScript 对象的创建：创建一个自定义的 JavaScript 对象，最简单的方式就是创建一个 Object 实例，然后为它添加属性和方法，例如：

```
var person = new Object();
person.name = "susan";
peson.age  = 18;
person.sayName = function()
{
    alert(this.name);
}
```

上面的例子创建了一个名为 person 的对象，并为它添加了两个属性和一个方法。早期的 JavaScript 开发者经常使用这个模式创建一个新的对象，近几年，人们越来越趋向于使用对象字面量来创建 JavaScript 对象。上面的例子，用对象字面量语法可以这样改写成：

```
var person =
{
    person.name = "susan";
    peson.age  = 18;
    person.sayName = function()
    {
        alert(this.name);
    }
};
```

这个例子中的 person 对象与前面例子中的 person 对象是一样的，都有相同的属性和方法。

7.12 JavaScript 的异步编程模式

单线程和事件轮询是 JavaScript 的一大特色，JavaScript 中的 I/O 都是非阻塞的，所以异步编程模式在 JavaScript 编程中变得越来越重要，传统的方式是使用回调，而回调方式用起来有些复杂。为此，需要找到一种方法来更为理想的方法，降低复杂度。在新的 JavaScript 规范中，出现了 Promise 模式，它的风格比较人性化，而且主流的 JavaScript 框架都提供了自己的实现。比如，Node.js 就用到了 Promise 模式。在使用 Promise 模式时，需要恰当地设置 Promise 对象，在对象的事件中调用状态转换函数，并且在最后返回 Promise 对象。

如果不用 Promise 模式，常规的 JavaScript 异步模式要采用回调的方法，比如：

```
fs.readFile('text.txt',function (error, result)
{
    if (error)                          //出现失败时的处理
    throw error;                        //抛出异常
    else
    //成功时的处理
})
```

传给回调函数的参数为（error 对象，执行结果）的组合。同理，Node.js 也有类似的规定，在 Node.js 的回调函数中，它的第一个参数是 error 对象，正所谓“错误优先处理”。

像上面这样基于回调函数的异步处理，如果约定了同样的参数规则的话，写法也会明了，但是，这也仅是编码规约而已，毕竟采用不同的写法也不会出错。

为了对异步处理的模式进行规范，才出现了 Promise，它要求按照统一的接口来编写，那些偏离规则之外的写法都会出错。下面是使用了 Promise 进行异步处理的一个例子。

```
var promise = fs.readFile('text.txt');
promise.then(function(result)
{
    //获取文件内容成功时的处理
}).catch(function(error)
{
    //获取文件内容失败时的处理
});
```

它返回的是 Promise 对象，这个 Promise 对象注册了执行成功和失败时相应的回调函数。

那么，Promise 模式与回调函数模式有什么不同呢？在使用 Promise 进行异步处理时，我们必须按照接口规定的方法编写处理代码。也就是说，除 Promise 对象规定的方法（这里的 then 和 catch）以外的方法都是不可以使用的，而不是像回调函数那样可以自己随意定义回调函数的参数。

这样，基于 Promise 统一接口的做法，就可以形成基于接口的多种异步处理模式。所以说，通过 Promise，可以把复杂的异步处理轻松地进行模式化，而这正是使用 Promise 的理由之一。

7.12.1　Promise 对象

这里主要介绍 ECMAScript 6 规范的 Promise 对象。所谓 Promise 对象，就是代表了未来某个将要发生的事件，主要用在异步操作上。一个 Promise 实例对象表示一次异步操作的封装，异步操作的结果有两种：成功或失败，然后根据异步操作的结果采取不同的操作，也可以把多个 Promise 对象串联起来使用，这就是我们常说的链式调用。

有了 Promise 对象，就可以将异步操作以同步操作的流程表达出来，避免了层层嵌套的回调函数，此外，Promise 对象还提供了一套完整的接口，只要遵循这套接口，就可以更加容易地控制异步操作。

7.12.2　生成 Promise 实例对象

Promise 代表着异步操作的最终结果。与 Promise 交互的最主要的方式就是使用 then 方法，注册回调方法可以调用 Promise 的成功方法（resolve）或失败方法（reject）。

使用 Promise 模式，通常包括以下几步。

- 用构造器创建 Promise。
- 用 resolve 处理成功。
- 用 reject 处理失败。
- 用 then 和 catch 设置控制流。

这里，我们以读取文件 fs.readFile 为例，讲述 Promise 的生命周期。

创建 Promise：创建 Promise 的最基本方法就是直接使用构造器。

```
var promise = new Promise(function(resolve, reject)
{
    if (/* 异步操作成功 */)
    {
        resolve(value);
    }
    else
    {
        reject(error);
    }
});

promise.then(function(value)
{
    //如果成功，处理 ……
}, function(value)
{
    //如果失败， 处理……
});
```

上面代码表示，我们给 Promise 构造函数传递了一个函数作为参数。在这里，我们告诉 Promise 怎么执行异步操作，分为两个状态：成功之后的处理，以及出现错误之后的处理。

resolve 参数是一个函数，当得到期待的返回值时，调用 resolve()方法；reject 参数也是一个函数，当接到错误的返回值后，调用 reject(err)方法。这里所说的错误并不是指代码的错误，而是指发生异常的情况下，需要给出对应的异常处理。

接下来，我们完成整个构造器函数，应用场景是：读取文件，当成功时，调用 resolve 方法；异常时，调用 reject 方法。代码如下。

```
const text = new Promise(function (resolve, reject)
{
    //普通的 fs.readFile 调用
```

```
    fs.readFile('text.txt', function (err, text)
    {
        if (err)                                    //如有错误，调用 reject 方法
        reject(err);
        else                                        //如果没有错误，调用 resolve 方法
        resolve(text.toString());                   //转换为字符串
    })
})
```

以上是 Promise 构造函数的实现，接下来介绍它的流程控制。

7.12.3 Promise 原型方法

前面已经构造了一个 Promise，虽然我们已经写了 resolve 和 reject 方法，但还没有传递给 Promise。接下来开始设置 Promise 的流程控制，这就是我们通常用到的 then 方法。

Promise 的原型方法为：

```
promise.then(onFulfilled, onRejected)
```

onFulfilled 和 onRejected 都必须为函数，then 方法使得异步编程可以实现链式调用。我们看到，每个 Promise 都有一个 then 方法，then 方法有两个参数：一个是 resolve 方法，另一个是 reject 方法，并按照顺序传递。调用 Promise 对象的 then 方法，并把 resolve 和 reject 函数传递给构造器，从而使构造器可以调用这些传入的函数。

```
const text = new Promise(function (resolve, reject)
{
    fs.readFile('text.txt', function (err, text)
    {
        if (err)
        reject(err);
        else
        resolve(text.toString());
    })
})
.then(resolve, reject);
```

这样，Promise 在读取文件之后，返回了一个 Promise 对象，然后调用 Promise 对象的 then 方法，从而为异步操作创建一个类似同步那样的控制流。

因为 then 方法返回的是一个 Promise 对象，所以可以采用链式调用，逐级传递下去。

7.12.4 Promise 的 catch 方法

promise.catch(rejection)方法是 promise.then(null, rejection)的别名，catch 用于指定发生错误

时的回调函数。在 Promise 实例对象的状态变成 fulfilled 或者 rejected 之前，只要发生错误，就会执行这个回调函数。

```
fs.readFile('text.txt').then(function (text)
{
    //正常处理
} .catch(function(error)
{
    //处理前一个回调函数运行时发生的错误
    console.log('发生错误！',error);
});
```

Promise 对象的错误具有“冒泡”性质，会一直向后传递，直到被捕获为止。也就是说，错误总是会被下一个 catch 语句捕获。

7.13　如何在 HTML 中嵌入 JavaScript

只要一提到把 JavaScript 放入到网页中，就离不开 Web 的核心语言——HTML。在当初开发 JavaScript 的时候，要解决的一个重要问题就是如何让 JavaScript 既能与 HTML 页面共存，又不影响那些页面在不同浏览器中的呈现效果。最终的决定是，为 Web 增加统一的脚本支持，这个脚本就是 JavaScript。

7.13.1　<script>标签

向 HTML 页面插入 JavaScript 的主要方法，就是使用<script>标签。使用<script>标签的方式有两种：直接在页面中嵌入 JavaScript 代码，以及引入外部的 JavaScript 文件。

在使用<script>标签嵌入 JavaScript 代码时，只需为<script>指定 type 属性，把 JavaScript 代码直接放在<script>与</script>之间即可，代码示例如下。

```
<script type ="text/javascript" >
function  foo()
{
    /* code  */
}
</script>
```

如有要通过<script>标签来包含外部的 JavaScript 文件，那么，src 属性是必需的，这个属性的值是一个指向外部 JavaScript 文件的链接。例如：

```
<script src="js/bootstrap.min.js"></script>
```

在这个例子中，外部文件 bootstrap.min.js 将被加载到当前页面中，需要注意的是，带有

src 属性的<script>标签不能在它的<script>与</script>标签之间再包含额外的 JavaScript 代码。即使嵌入了 JavaScript 代码，也只会执行这个引入的外部文件，嵌入的 JavaScript 代码会被忽略。

另外，通过<script>标签的 src 属性还可以包含来自外部域的 JavaScript 文件，这一点使得<script>标签的功能变得更加强大。在这一点上，<script>与<img>标签非常相似，即它的 src 属性可以是指向当前 HTML 页面所在域之外的某个域中的 URL，例如：

```
<script src="http://apps.bdimg.com/libs/angular.js/1.4.6/angular.min.js">
</script>
```

这样，位于外部域中的代码也会被加载和解析，就像这些代码位于加载它们的 HTML 页面中一样。利用这一点，可以在必要时通过不同的域来提供 JavaScript 文件。不过，在访问自己不能控制的服务器上的 JavaScript 文件时则要多加小心，以免被恶意的文件所替换，因此，如果想包含来自不同域的代码，要保证那个域的所有者值得信赖。

7.13.2 <script>标签的位置

无论 HTML 文件怎么包含 JavaScript 代码，只要不存在特别属性，浏览器都会按照<script>标签在 HTML 页面中出现的先后顺序，依次对它们进行解析。换句话说，在的一个<script>标签包含的 JavaScript 代码解析完成后，第二个<script>标签包含的代码才会被解析，随后才是下一个，以此类推。

按照惯例，所有的<script>标签都应该放在<head>元素中，例如：

```
<!DOCTYPE html>
<html>
<head>
    <title> Home Page </title>
    <script src="js/jquery.min.js"></script>
    <script src="js/bootstrap.min.js"></script>
</head>
<body>
    <!-- 这里放内容 -->
 </body>
</html>
```

这种做法的目的是把所有外部文件的引用都放在<head>标签内，这就意味着必须等到全部 JavaScript 代码都被下载、解析和执行完成后，才能呈现页面的内容。这是因为浏览器只有在遇到<body>标签时才开始呈现内容。这样一来，对于那些需要很多 JavaScript 代码的页面来说，这无疑会导致浏览器在呈现页面时出现明显的延迟，而延时期间的浏览器窗口中将是一片空白。为了避免这个问题，现代 Web 应用程序不仅把全部 JavaScript 引用放在<body>标签中，而且放在页面内容的后面，如下所示。

```
<!DOCTYPE html>
<html>
<head>
    <title> Home Page </title>
</head>
<body>
    <!-- 这里放内容 -->
    <script  src="js/jquery.min.js"></script>
  <script  src="js/bootstrap.min.js"></script>
</body>
</html>
```

这样，在解析包含的 JavaScript 代码之前，页面的内容将完全呈现在浏览器中，从而缩短浏览器窗口显示空白页面的时间，对于用户来说，感觉到页面打开的速度加快了。这就是移动互联网时代所强调的用户体验。

7.13.3 嵌入 JavaScript 代码与外部文件引用

在 HTML 中嵌入 JavaScript 代码虽然没有问题，但一般认为最好的做法还是尽可能使用外部文件来包含 JavaScript 代码。不过，这并不存在必须使用外部文件的硬性规定，通常，引用外部文件有以下优点。

可维护性：分布在不同 HTML 页面中的 JavaScript 代码会造成维护问题，但把所有 JavaScript 文件都放在一个文件夹中，维护起来就方便多了；而且，开发人员也能够在不触及 HTML 页面的情况下，集中精力编辑 JavaScript 代码。

可缓存：浏览器能够对外部 JavaScript 文件进行缓存，也就是说，如果两个页面都使用同一个 JavaScript 文件，那么这个文件只需下载一次，其最终的目的还是为了能够加快页面加载的速度。

7.14 JavaScript 与 JSON

JavaScript 与 JSON 从字面上来看，容易引起人们的联想，它们之间有什么关系吗？不错，JSON 是基于 JavaScript 语法的一个子集而创建的，特别是对象与数组的语法。正是由于 JSON 的这种特殊来历，导致很多 JavaScript 程序员往往会混淆 JavaScript 对象和 JSON，二者主要区别如下。

（1）JSON 是纯文本，不是 JavaScript 对象：JSON 是作为 XML 的替代品而出现的，它本身是一种跨平台的数据表示标准，是纯文本字符串，不局限于任何编程语言。在前端与后台的数据交互中，会用到大量的 JSON 格式。

（2）JSON 文本是 JavaScript 语言中的合法代码。由于 JSON 本身选用了 JavaScript 的语法子集，使得 JSON 字符串本身就是合法的 JavaScript 代码。

从 JavaScript 角度来看，在对象和数组的基础上，JSON 格式的语法具有很强的表达能力，但对其中的值也有一定的限制。例如，JSON 规定的键/值对必须是字符串值，并且都要包含在双引号中。如果在一个 Vaule 中出现了函数，那么就可以断定，它不是 JSON 格式，而是 JavaScript 对象。

7.15 小结

JavaScript 是 Web 页面中的一种脚本编程语言，也是一种基于对象和事件驱动的脚本语言，它不需要进行编译，而是直接嵌入到 HTML 页面中。通过 JavaScript 可以把静态页面转换为支持用户响应事件的动态页面。

作为一门脚本语言，JavaScript 常常被“轻视”。通过本章的介绍，我们开始对它刮目相看。JavaScript 所特有的函数式编程在 Node.js 中大放异彩！

从数据格式上看，JavaScript 对象与 JSON 数据格式极为相似。不错，我们常用的 JSON 数据格式正是源于 JavaScript。

第 8 章 Web 与 Native 的交互

8.1 混合开发模式概述

说起 App 开发，人们总是顺口问一句话——采用什么框架。App 开发的框架，无外乎三种：原生（Native）开发、纯 Web 开发和混合开发模式。所谓混合开发模式，是指一部分功能由 Native 来实现，一部分由 Web 来实现。Web 是一项由来已久的技术，自从加了几个适应手机的标签后，突然一天变得高大上起来，人们狂热地称之为 HTML5，在国内简称 H5。

谈到 App 的混合开发框架，必然涉及 Native 与 Web 的交互。更为确切地说，是 Objective-C 与 JavaScript 的相互调用，这个调用是双向的，既可以在 Objective-C 代码中调用 JavaScript 代码编写的对象和方法，也可以在 JavaScript 中调用 Objective-C 声明的函数。

Apple 提供的 JavaScriptCore.framework，大大简化了 JavaScript 对 Objective-C 的调用，它不仅满足了开发者的需求，更为重要的是，JavaScriptCore.framework 从根本上解决了 JavaScript 与 Native 的互相调用问题，这是一种高效、优雅的调用模式。相比之下，那种原始的 URL 拦截方法，更像是小孩子玩的“过家家”，听上去可行，但缺少软件编程的思想，整段代码充斥着大量的 if 语句，维护起来相当困难。

8.1.1 Webkit 简介

在开始 Web 开发之前，需要了解一下浏览器。我们面对的浏览器，可谓琳琅满目，如同 App 开发需要适配不同的移动终端一样，Web 开发需要兼容不同的浏览器。不同家的浏览器拥有各自不同的内核，浏览器之间的差异性正是因为采用不同浏览器引擎引起的。

iOS 设备上的浏览器相当于 Apple 的 Safari，而 Android 手机上的浏览器相当于 Google 的 Chrome，它们都是采用 Webkit 内核，在学习 JavaScriptCore 之前，我们有必要先来了解下 Webkit。

Webkit 是一个浏览器的引擎（Web Browser Engine），包含很多组件，其中 WebCore 和 JavaScriptCore 是最为重要的组件。早期的 Chrome 使用与 Safari 一样的内核（Webkit），后来，Chrome 不再用 JavaScriptCore 了，它独有一个特别的 JavaScript Engine，叫做 V8。网上有很多 V8 优化相关的视频，展示优化后的 Chrome 是多么强大。从另一个角度可以看出，若想在同类浏览器中高出一筹，JavaScript Engine 的独特优势是制胜的法宝。

Apple 公司的 Safari 浏览器对 JavaScriptCore 进行了持续的优化。在 Apple 开发者大会（WWDC）上，Apple 演示了最新的 Safari 浏览器，据说 JavaScript 处理速度已经大大超越了 Google 的 Chrome，这就意味着 JavaScriptCore 在性能上也不会输给 Goolge 的 V8。

8.1.2 JavaScriptCore 简介

JavaScriptCore 是 Webkit 的一个重要组成部分，Apple 公司在 iOS 7 中新加入了 JavaScriptCore.framework，主要用于对 JS（JavaScript 的简称）进行解析和提供执行环境。

在此之前，开发者大多是通过第三方库完成 Native 与 Web 的交互的，或许人们已经习惯了第三方库的应用，尽管 Apple 开放了这个 framework，但这个亮点还是被大多数开发者所忽略。如果你还在用自创的或者是第三库，那么，有必要重新关注一下 JavaScriptCore.framework。

其实，JavaScriptCore.framework 在 Apple 的 OS X 平台上很早就存在了，不过接口都是纯 C 语言的，而在 iOS 平台上，Apple 没有开放这个 framework。Mac OS 的 Safari 用的是开源的 Webkit，当 iOS 需要处理 JavaScript 时，就可以从开源的 WebKit 中编译出自己需要的 JavaScriptCore.a，接口也是纯 C 语言的。也许是 Apple 关注到 JavaScriptCore 深受开发者的青睐，这说明 JavaScriptCore 是个好东西，好东西就是用来分享的。索性，Apple 在 iOS 7 中开放了 JavaScriptCore.framework，同时还提供了 Objective-C 接口，大大方便了 iOS 开发者。

JavaScriptCore.framework 从诞生之日起，就披上了神秘的面纱。接下来，让我们看下如何借助 JavaScriptCore 实现 Objective-C 与 JavaScript 之间的双向调用。

8.1.3 Objective-C 调用 JavaScript

所谓 Native 调用 Web，就是通过 Objective-C 调用 JavaScript。需要说明的是，JavaScript 代码可以单独写在以 js 为后缀的文件中，也可以直接把 JavaScript 代码直接内嵌在 Objective-C 代码中。这里，先从简单的内嵌 JavaScript 代码讲起。

要使用 JavaScriptCore，首先需要把 JavaScriptCore.framework 加载到工程中，在用到 JavaScriptCore 的地方，需要引入它的头文件。

```
#import <JavaScriptCore/JavaScriptCore.h>
```

JavaScriptCore.h 文件中有以下几个重要的对象。

```
#import "JSContext.h"
```

```
#import "JSValue.h"
#import "JSManagedValue.h"
#import "JSVirtualMachine.h"
#import "JSExport.h"
```

- JSContext 是 JavaScript 的运行上下文，它主要作用是执行 JS 代码和注册 Native 方法接口。
- JSValue 是 JSContext 执行后的返回结果，它可以是任何 JS 类型（如基本数据类型、函数类型和对象类型等），并且提供了一种方法，可以转换为 Native 对象。
- JSManagedValue 是 JSValue 的封装，用它可以解决 JS 和 Native 代码之间循环引用的问题。
- JSVirtualMachine 管理 JS 的运行，同时也管理 JS 暴露的 Native 对象的内存。
- JSExport 是一个协议，协议里面可以声明方法。通过实现协议里面的方法，把一个 Native 对象暴露给 JS。

Objective-C 调用 JavaScript，常见的方法有三种。

- 在 Objective-C 中，直接执行 JS 代码。
- 在 Objective-C 中，执行本地的 JS 文件或来自网络的 JS 文件。
- 在 Objective-C 中，注册 JS 方法，再通过 JSValue 调用该方法。

为方便调试，我们创建一个 Xcode 工程，在 viewDidLoad:方法中添加以下代码。

```
//创建一个 JSContext 对象
JSContext * context = [[JSContext alloc] init];
//声明一段 JS 函数,函数名为 add
NSString *js = @"function add(a,b) {return a+b}";
//将 JS 函数代码加载到 context 中，以便 Objective-C 调用
[context evaluateScript:js];
//通过 context 获取 add 函数，再调用 callWithArguments 方法传递参数
//函数执行后，把结果返回到 JSValue 中
JSValue * ret = [context[@"add"] callWithArguments:@[@3, @5]];
NSLog(@"ret value: %@", @([ret toInt32]));
```

运行输出的 log 信息“ret value：8”。

代码解读

再来回顾一下 Objective-C 调用 JavaScript 代码的过程：先创建一个 JSContext 对象，然后将 JS 代码加载到 Context 中，最后获取 JS 所声明的函数对象，调用 callWithArguments 这个方法进行函数传递参数的传值。在 JS 中，函数也是一个对象，所以说，获取 JS 的函数与获取 JS 的对象是一回事。

小贴士：

JavaScript 函数被 Native 调用的实现思路是，JS 所声明的函数必须放到 JSContext 中。JS 函数放到 Context 中之后，其实就转换成了 Native 可用的函数。然后，Objective-C 才能调用这个 JS 函数。这进一步说明，JSContext 是 Native 与 JavaScript 的桥梁。顺着这思路，试想一下，Native 所声明的函数如何被 Javascript 调用呢？

8.2 网页调用 iOS 的原生方法

8.2.1 应用场景

App 启动进入首页，首页是一个 UIWebView，WebView 之上有一个按钮（submit），当单击这个按钮时，弹出一个提示框，提示框显示的内容来自 WebView。

我们期望的效果如图 8-1 所示。

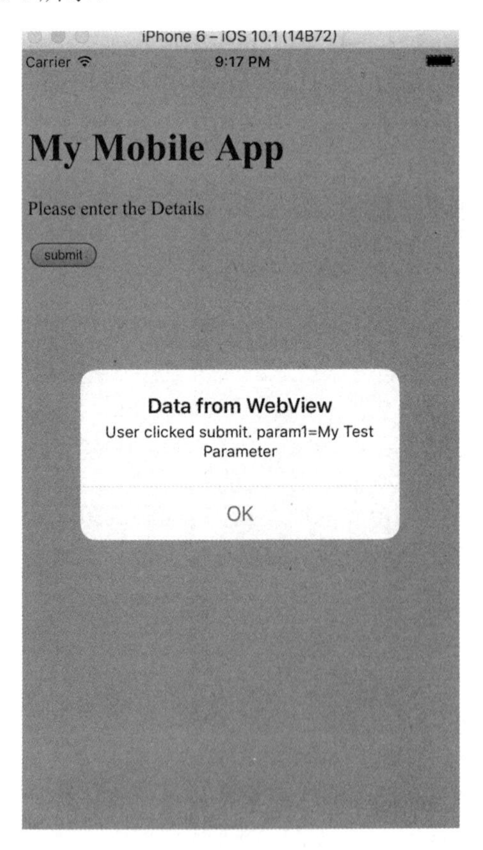

图 8-1　WebView 调用 iOS Native 函数

8.2.2 技术实现思路

这个 submit 按钮属于网页上的一个按钮标签，按钮是支持用户单击事件的。当用户单击这个按钮时，会触发 Native 的方法，调用 UIAlertView，弹出一个提示框。

submit 按钮属于网页控件，而 UIAlertView 属于 iOS Native 控件，它们之间的交互桥梁就是 JavaScriptCore。

8.2.3 代码实现

该实例旨在讲述 Web 上的按钮如何调用 Native 方法的实现过程，页面非常朴素。如果想美化页面，倒也简单，只要有些网页的基础就可以轻松搞定。

创建一个 Xcode 工程，还是选择 Objective-C。为了追求简洁，所有代码在 ViewController.m 中实现。

```
//ViewController.m
#import "ViewController.h"
#import <JavaScriptCore/JavaScriptCore.h>
@interface ViewController ()  <UIWebViewDelegate>
@property (nonatomic,strong) UIWebView * myWebView;
@end
@implementation ViewController
- (void)viewDidLoad {
    [super viewDidLoad];
    //Do any additional setup after loading the view, typically from a nib.
    self.myWebView = [[UIWebView alloc] initWithFrame:CGRectMake(0,40,320,320)];
    self.myWebView.delegate = self;
    [self.view addSubview:self.myWebView];
NSString *pageSource = @"<!DOCTYPE html> <html> <head> </head> <body>
        <h1>My Mobile App</h1> <p>Please enter the Details</p>
        <form name=\"feedback\" method=\"post\" action=\"mailto:
        you@site.com\"> <!-- Form elements will go in here --> </form>
        <form name=\"inputform\"> <input type=\"button\" onClick=\
        "submitButton('My Test Parameter')\" value=\"submit\">
        </form> </body> </html>";
[self.myWebView loadHTMLString:pageSource baseURL:nil];
}

#pragma mark -- UIWebViewDelegate

- (void)webViewDidFinishLoad:(UIWebView *)webView
```

```
{
    JSContext *context =  [self.myWebView  valueForKeyPath:@"documentView.
                webView.mainFrame.javaScriptContext"]; //Undocumented access
    context[@"submitButton"] = ^(NSString *param1)
    {
        [self yourObjectiveCMethod:param1];
    };
}

- (void)yourObjectiveCMethod:(NSString *)param1
{
    NSLog(@"User clicked submit. param1=%@", param1);

    UIAlertView *alert = [[UIAlertView alloc]
       initWithTitle:@"Data from WebView"message:
                    [NSString stringWithFormat:@"User clicked submit.
                    param1=%@", param1 ]delegate:nil cancelButtonTitle:
                    nil otherButtonTitles:@"OK", nil];
    [alert show];
}
@end
```

8.2.4 代码解读

当把 JavaScript 代码内嵌到 Xcode 工程时，可以通过以下方法获取到 JSContext 对象。

```
JSContext * context = [[JSContext alloc] init];
```

还有一种方法，结合使用 JavaScriptCore 和 UIWebView，如果声明了一个 UIWebView，也可以使用 UIWebView 获取到 JSContext 对象，从 UIWebView 中获取 JSContext 的方法是：

```
JSContext *context=[webView valueForKeyPath:@"documentView.webView.
                    mainFrame.javaScriptContext"];
```

通常，只要用到 WebView 的地方，就要遵循 UIViewDelegate 协议，代码如下。

```
@interface ViewController ()  <UIWebViewDelegate>
@property (nonatomic,strong) UIWebView * myWebView;
@end
```

这是因为 webViewDidFinishLoad:方法是属于 UIWebViewDelegate 内的方法，只有遵循了 UIWebViewDelegate 协议，这个方法才会执行。可以简单地理解为，Delegate 内的方法是一种回调函数，当满足触发条件时，会自动调用这个方法，代码如下。

```
#pragma mark -- UIWebViewDelegate

- (void)webViewDidFinishLoad:(UIWebView *)webView
```

我们要用到 JSContext，它是 JavaScriptCore.framework 中的重要方法，所以在文件的开始就要引入：

```
#import <JavaScriptCore/JavaScriptCore.h>
```

我们构建了一个 Web 页面，对于前端工程师来说，看到这样的代码感到再简单不过了。而对于 iOS 开发者来说，如果是第一次接触 HTML 代码，会感到陌生。后续，我们会把这段 HTML 代码单独放到一个 HTML 文件中，瞬间变得简单明了。

混合开发模式的调用方法大同小异，需要关注以下几个关键技术点。

（1）Web 与 Natvie 所定义的方法名要统一。在网页中，我们定义了一个单击按钮的方法 submitButton()，这里特别注意，在 iOS 代码中，必须创建一个同样名字的方法，方法名字要一模一样。在 iOS 中创建的方法是“context[@"submitButton"]”，代码如下。

```
JSContext *context = [self.myWebView valueForKeyPath:@"documentView.
                webView.mainFrame.javaScriptContext"];
context[@"submitButton"] = ^(NSString *param1)
{
    [self yourObjectiveCMethod:param1];
};
```

（2）Web 与 Native 所传递的参数大多为字符串。Web 与 Native 交互的场景大多是轻量级的数据交互，很多时候仅仅是为了触发一个方法的调用，或者是为了传递一个字符串，当然，Web 与 Native 所传递的数据可以是对象。

具体到这个实例，Web 传递给 Native 的数据就是一个简单的字符串，代码如下。

```
"submitButton('My Test Parameter')"
```

从中可以看出，当单击网页上的 submit 按钮时，把字符串“My Test Parameter”传给了 Native。

```
context[@"submitButton"] = ^(NSString *param1)
{
    [self yourObjectiveCMethod:param1];
};
```

Native 的 submitButton 方法通过 Block 调用了 Native 内的方法，从字面上看，context 本身就是上下文的意思，起着承上启下的作用。也可以这样理解，左侧是 Web 页面的操作，右侧是 Native 的世界。

既然在 Native 世界，就可以按照 iOS 开发的规则来编写代码了。比如，调用一个 Native 的方法，代码如下。

```
- (void)yourObjectiveCMethod:(NSString *)param1 {…}
```

所以说，Web 与 Native 的交互，关键点在于 JSContext 这个肩负着桥梁的对象。

8.2.5 Objective-C 与 JavaScript 的数据类型

需要指出的是，JavaScript 代码是弱类型的；而 Objective-C 代码是强类型的。所谓弱类型，是指只有在代码执行时才能知道一个变量具体是什么类型。

当遇到两种不同类型时，该怎么解决呢？如果在同一种编程语言中，可以通过类型的强转。当一个是 JavaScript，而另一个是 Objective-C 时，需要在二者之间设定一个中介，这就是需要引入 JSValue。

既然数据类型不一样，那它们怎么能够相互调用呢？为此，它们之间应该有一个数据类型转化的通道，JSValue 的作用就是在 Objective-C 对象和 JavaScript 对象之间起到转换的作用。这就是 JSValue 的价值所在，苹果的官方网站缺少相关的文档说明，可以通过 JSValue.h 查看它的接口说明。

在该实例中，Web 与 Native 交互的数据是简单的字符串，它所支持的交互数据类型不只是字符串，还有更多的数据类型。为此，我们要了解下 Objective-C 与 JavaScript 数据类型之间的转换，如图 8-2 所示。

Objective - C type	JavaScript type
nil	undefined
NSNull	null
NSString	string
NSNumber	number, boolean
NSDictionary	Object object
NSArray	Array object
NSDate	Date object
NSBlock *	Function object *
id **	Wrapper object **
Class ***	Constructor object ***

图 8-2　Objective-C 与 JavaScript 数据类型对应关系

数据类型解读：在 JavaScript 中，函数就是一个对象。JavaScriptCore.framework 的玄妙之处在于，它巧妙地用到了 Objective-C 的 NSBlock*类型，与之对应的是 JavaScript 中的 FunctionObject *类型。这就是说，NSBlock 的实例对象所对应的就是 JavaScript 中的 Function 对象。

8.2.6 Objective-C 访问 HTML 文件

在 Objective-C 中，有时需要引入 HTML 文件。这个 HTML 文件可以来自本地，也可以来自网络。HTML 文件通常是以 html 为后缀名的文件。那么，如何创建一个 HTML 文件呢？这里推荐一个编写 HTML 代码的软件——Sublime Text。

Sublime Text 是一款具有代码高亮、语法提示、自动补全、反应快速的编辑器软件，不仅具有华丽的界面，还支持插件扩展机制，用 Sublime Text 编写代码，绝对是一种享受。Sublime Text 是一款用户体验俱佳的文本编辑器软件，你可以在它的官方网站（http://www.sublimetext.com/3）下载你需要的版本。当前的最新版本是 Sublime Text 3，有 Mac OS X、Windows、Linux 等主流操作系统的版本。

打开 Sublime Text 软件，优雅的界面顿时出现在眼前，如图 8-3 所示。

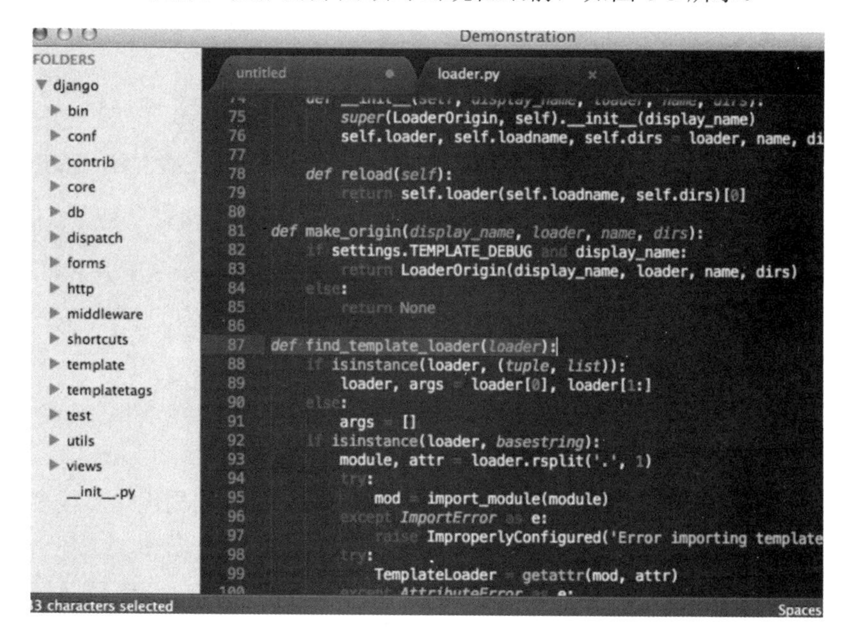

图 8-3 Sublime Text 所显示的友好界面

在 Sublime Text 中，创建一个命名为 index.html 文件，并添加以下代码。

```
//index.html
```

```
<!DOCTYPE html>
<html>
  <head> Demo </head>
  <body>
    <h1>My Mobile App</h1>
    <p>Please enter the Details</p>
    <form name="feedback" method="post" action="mailto:you@site.com">
    <!-- Form elements will go in here -->
    </form>
<form name="inputform">
<input type="button" onClick="submitButton('My Test Parameter')" value="submit">
    </form>
  </body>
</html>
```

代码这么一改，就规整多了。把 index.html 文件作为资源文件添加到 Xcode 工程中，接着修改 iOS 代码。

```
- (void)viewDidLoad {
    [super viewDidLoad];

    / * 代码同上 */

    NSString *path = [[NSBundle mainBundle] pathForResource:@"index" ofType:
                                                                @"html"];

    NSString * pageSource = [NSString stringWithContentsOfFile:path encoding:
                                    NSUTF8StringEncoding error:nil];

    [self.myWebView loadHTMLString:pageSource baseURL:nil];

}
```

再来运行一下，从结果来看，与改动之前是一样的，但文件结构优化了很多。

8.3 iOS 调用 JavaScript

借助 JavaScriptCore.framework 可以实现以下功能。

- 在 Objective-C 中调用 JavaScript 代码。
- 在 Objective-C 中访问 JavaScript 变量。
- 在 Objective-C 中访问和执行 JavaScript 中的函数。

接下来，我们针每一个场景讲述一个实例。

8.3.1 Objective-C 调用 JavaScript 代码

创建一个 Xcode 工程，在 ViewController.m 文件中引入 JavaScriptCore.framework，代码如下。

```
#import <JavaScriptCore/JavaScriptCore.h>
```

在 viewDidLoad 方法中添加以下代码。

```
- (void)viewDidLoad
{
    [super viewDidLoad];
    NSString * jsCode = @"2+3";
    JSContext *context = [[JSContext alloc] init];
    JSValue * value = [context evaluateScript:jsCode];
    NSLog(@"Output = %d", [value toInt32]);
}
```

输出的结果是“Output = 5”。

代码解读

在 Web 与 Native 交互中，JavaScriptCore.framework 是核心模块，而 JSContext 与 JSValue 可谓它的左膀右臂。引用了 JavaScriptCore.framework，就可以直接使用 JSContext。只要是操作 JavaScript，就必须使用 JSContext，下面这行代码是必不可少的。

```
JSContext *context = [[JSContext alloc] init];
```

通过 JSContext 这个桥梁，与 JavaScript 建立了联系，下一步再通过 JSValue 获取到 JavaScript 中的值、变量、函数等。不仅如此，JSValue 还负责数据的转换，把 JavaScript 的数据类型转换为 Objective-C 数据类型。关于数据类型的转换方法，请参考 JSValue.h 文件。

具体来说，通过 JSValue 的方法，可以进行以下类型的转换。

```
- (id)toObject;                              //转换为 Objective-C 对象
- (id)toObjectOfClass:(Class)expectedClass;  //转换为期望的类对象
- (BOOL)toBool;                              //转换为 Bool 类型
- (double)toDouble;
- (int32_t)toInt32;
- (uint32_t)toUInt32;
- (NSNumber *)toNumber;
- (NSString *)toString;                      //转换为 Objective-C 的字符串
- (NSDate *)toDate;
```

```
- (NSArray *)toArray;                //转换为数组
- (NSDictionary *)toDictionary;      //转换为字典
```

8.3.2 Objective-C 获取 JavaScript 中的变量

要想获取 JavaScript 中的变量，还得通过 JSContext。这类代码的调试并不需要什么特别的 UI 支持，仍然可以在上一个 Xcode 工程上调试。在 viewDidLoad:方法中填写代码即可，这次要调试的代码如下。

```
NSString * jsCode = @"var x; x=10;";
JSContext *context = [[JSContext alloc] init];
[context evaluateScript:jsCode];
JSValue * a =context[@"x"];
NSLog(@"x = %d", [a toInt32]);
```

运行结果是“x = 10”。

代码解读

要想获取 JavaScript 的变量，只需要调用“context[@"x"]”。从调用形式上看，这更像是 Key/Value 的调用，把 x 当做一个 Key 来调用。

8.3.3 在 Objective-C 中，调用带有参数的 JavaScript 函数

应用场景是：在 JavaScript 中声明一个函数，这个函数可以带有参数，也可以不带参数。带有参数的函数，在调用它时，需要传递参数值。因为是 Objective-C 调用 JavaScript 函数，所以这个函数的参数应该来自 Objective-C。听上去有些费解，还是来看代码实例吧。下面是一个带有参数的 JavaScript 函数。

```
function sum(a,b)
{
    return a+b;
}
```

在 Objective-C 中，调用带有参数的 JavaScript 函数。

```
//调用带有参数的 JavaScript 函数
JSContext *context = [[JSContext alloc] init];
NSString * jsCode = @"function sum(a,b) { return a+b;} ";
[context evaluateScript:jsCode];
JSValue * func =context[@"sum"];
NSArray * args = @[[NSNumber numberWithInt:10],[NSNumber numberWithInt:20]];
```

```
JSValue * ret =[func callWithArguments:args];
NSLog(@"Sum Vaule: 10+20 = %d", [ret toInt32]);
```

运行结果是“Sum Vaule: 10+20 = 30”。

代码解读

关键是以下三行代码。

```
JSValue * func =context[@"sum"];  //获取 JavaScript 中的函数名称

//构建参数，参数是一个数组，并保证参数的类型与 JavaScript 中声明的类型一致
NSArray * args = @[[NSNumber numberWithInt:10],[NSNumber numberWithInt:20]];

//通过 callWithArguments 方法，调用以上构建的数组，把整个数组作为参数传递给 JavaScript
  声明的函数
JSValue * ret =[func callWithArguments:args];
```

8.3.4　在 Objective-C 中调用不带参数的 JavaScript 函数

```
//调用不带参数的函数
NSString * jsCode2 = @"function getRandom()
{
   return  parseInt(Math.floor((Math.random()*100)+1));} ";
JSContext *context = [[JSContext alloc] init];

[context evaluateScript:jsCode2];
JSValue * func2 =context[@"getRandom"];
for(int i=0;i<2;i++)
{
   JSValue * ret2 =[func2 callWithArguments:nil];
   NSLog(@"Random Value = %d", [ret2 toInt32]);
}
```

工程运行后，输出结果如下。

```
Random Value = 73
Random Value = 87
```

代码解读

在 Objective-C 中运行不带参数的 JavaScript 函数时，与执行带有参数的函数大同小异，

不同之处仅仅在于，传递的参数为空(nil)。代码如下。

```
[func2 callWithArguments:nil];
```

因为所定义的 JavaScript 函数有返回值，在 Objective-C 中，可以把 JavaScript 函数的返回值赋给 JSValue 类型的变量。代码如下。

```
JSValue * ret2 =[func2 callWithArguments:nil];
```

8.4 JavaScript 调用 Objective-C 代码

借助 JavaScriptCore.framework 可以轻松地实现 JavaScript 对 Objective-C 的调用，具体来说：

- 从 Web 页面的 JavaScript 中，运行 Objective-C 代码。
- 导出 Objective-C 类，并在 JavaScript 中调用它。

8.4.1 JavaScript 调用 Objective-C 代码

Objective-C 中的代码也可以被 JavaScript 调用，调用方法有两种：一种是通过 Block 方式调用，另一种是通过 JSExport Protocol 调用。

这里以 Block 调用为例，在 viewDidLoad:方法中添加以下代码。

```
//在 Objective-C 中，声明一个函数 sum,它有两个参数，直接声明为 Block 形式
context[@"sum"] = ^(int arg1,int arg2)
{
   return arg1+arg2;
};
NSString * jsCode =@"sum(4,5);";
JSValue * sumVal = [context evaluateScript:jsCode];
NSLog(@"Sum(4,5) = %d", [sumVal toInt32]);
```

运行结果是“Sum(4,5) = 9”。

再来看一个不含参数的函数调用，代码如下。

```
//在 Objective-C 中，声明一个函数 getRandom,不带有任何参数
context[@"getRandom"] = ^( )
{
   return rand()%100;
};
NSString * jsCode2 =@"getRandom();";
for(int i=0;i<2;i++)
```

```
{
    JSValue * sumVal2 = [context evaluateScript:jsCode2];
    NSLog(@"Random Number = %d", [sumVal2 toInt32]);
}
```

运行结果如下。

```
Random Number = 7
Random Number = 49
```

8.4.2　JavaScript 调用 Objective-C 函数对象

再来看一个 JavaScript 调用 Objective-C 函数的实例，这个函数的参数是一个 NSDictionary 对象。创建一个 Xcode 工程，在 ViewController.m 文件中添加以下代码。

```
#import "ViewController.h"
#import <JavaScriptCore/JavaScriptCore.h>
@interface ViewController ()
@end
@implementation ViewController
- (void)viewDidLoad
{
    [super viewDidLoad];
    JSContext *context = [[JSContext alloc]init];
    context[@"makeUIColor"] = ^(NSDictionary *rgbColor)
    {
        float red = [rgbColor[@"red"] floatValue];
        float green = [rgbColor[@"green"] floatValue];
        float blue = [rgbColor[@"blue"] floatValue];
        return [UIColor colorWithRed:(red / 255.0)
                              green:(green / 255.0)
                               blue:(blue / 255.0)
                              alpha:1];
    };
    JSValue *color = [context evaluateScript:@"makeUIColor({red: 150,
                green: 150, blue: 200})"];
    NSLog(@"color:%@",[color toObject]);
}
```

运行结果，输出的 log 信息如下。

```
color:UIExtendedSRGBColorSpace 0.588235 0.588235 0.784314 1
```

代码解读

这段代码看上去很长，其实理解起来并不复杂。它只是完成一个函数的声明，目的是使Objective-C声明好的函数能够被JavaScript调用。通常，一个函数有三个要素：函数名、传递参数、返回值。这种函数声明的风格是Objective-C和JavaScript约定好的格式，习惯了就好。具体到这个函数，函数名是makeUIColor，传递参数是一个字典类型，对应JavaScript对象。我们知道，NSDictionary是Key-Value格式，而JavaScript对象也是Key-Value格式。

通过这么一个小的示例，我们清楚了JavaScript对Objective-C的调用机制。

8.5 小结

随着Web前端技术的不断发展，APP的混合开发模式越来越成为一种潮流，善用混合开发模式，不仅可以大大提升产品的开发效率，还可以降低APP审核的频次。这是因为，Web所展示的页面，完全是受后台服务器控制的，用户即使不下载更新APP，也可以做到Web页面的实时更新。

为解决混合开发模式，需要实现Native（原生）与Web之间的交互。更具体一点说，就是要实现Objective-C与JavaScript之间的相互调用。自从苹果推出JavaScriptCore.framework后，这一切都变得如此简单！

全栈开发技术

开发一个功能性的移动互联网产品并不容易，它要借助很多种技术，需要一套“组合拳”，单纯的某一项技术是不够的。MongoDB 的工程师 Valeri Karpov 发明了一个缩略语 MEAN，指的是：MongoDB、Express、AngularJS 和 Node.js。的确，这是一个很不错的技术组合，而且读上去朗朗上口。

在 MEAN 这个缩略词中，作为运行 JavaScript 语言的服务端，Node.js 是其中的执牛耳者，尽管也有类似的服务端，但与 Node.js 比起来，难以望其项背。

起初，JavaScript 语言仅仅是为了编写网页，很难有其他的用武之地。自从有了 Node.js，通过 JavaScript 这一项技术，把 MEAN 全栈技术贯穿在一起。夸张一点说，学习 MEAN 全栈技术，只需要掌握一门 JavaScript 语言就够了。

构建 Node 应用有很多选择，而 MEAN 全栈框架越来越成为一种趋势。MEAN 全栈主要由四项技术组成。

- MongoDB：用来存储数据的数据库。
- Express：服务器端用来构建 Web 应用的后端框架。
- AngularJS：用来构建 Web 应用的前端框架。
- Node.js：JavaScript 运行环境。

通过 MEAN 全栈框架，可以将文档数据以 JSON 对象的格式存储在 MongoDB 中，然后通过基于 Node.js 和 Express 搭建的 RESTful API 来操作数据库，前端通过 AngularJS 构建的客户端来操作这些 API，AngularJS 通过 RESTful API 获取服务器数据后，再把数据交给前端模板引擎渲染，最终形成 HTML 页面展示给用户。

本篇对 MEAN 全栈的四大组件（MongoDB、Express、AngularJS 和 Node.js）进行了穿针引线般的解读，并给出了一个综合应用实例。

第 9 章 Node.js 入门指南

9.1 概述

与传统的 Web 服务器相比，一个显著的区别是 Node.js 是单线程的。乍一看可能觉得这是一种倒退。而事实证明，这正是 Node.js 的玄妙之处。单线程极大地简化了 Web 程序的编写，如果你需要多线程程序的性能，只需启用多个 Node.js 实例就可以得到多线程的性能优势。

每当一门新的技术框架出现时，人们普遍关注的是它的编程风格。Node.js 采用 JavaScript 编程语言，它表现得更像纯粹的解释型语言一样，没有单独的编译环境，尽管代码编写很简单，但调试起来麻烦不少。

Node.js 程序的另一个好处是，它的与平台无关性。Node.js 提供了三个主流操作系统（Windows、MAC OSX、Linux）的安装软件，在不同操作系统上搭建 Node.js 开发环境是分分钟的事。

9.2 Node.js 生态

Node.js 的核心技术在于，它让 JavaScript 从浏览器中分离出来，从而让 JavaScript 得以在服务器上运行。在 Node.js 基础之上，又推出了后台服务器框架——Express。Node.js 社区充满了活力和无限激情，一直都在保持着快速的更新。

Node.js 的另一个支柱是数据库，除了最简单的静态 Web 页面，只要是动态 Web 页面都需要数据库，而 Node.js 生态系统支持的数据库很多，从而为 Node.js 的普及奠定了基础。Node.js 不仅支持所有的主流关系数据库（MySQL、SQL Server、Oracle）接口，而且它还推动了 NoSQL 数据库的发展。NoSQL 是一种新颖的数据库，准确地说，我们应该称之为文档数据库或键/值对数据库。NoSQL 提供了一种概念上更简单的数据存储方式，这类 NoSQL 数据库有很多，但

MongoDB 是其中的佼佼者，甚至成为 Node.js 开发的专属数据库。关于 NoSQL 的更多内容，详见后续的数据库章节。

9.3　Node 开发环境的搭建

首先需要检查下你的计算机是否安装了 Node.js。在终端窗口输入以下命令并运行：

```
$ node -v
```

写作本书时，Node.js 最新版本是 v6.9.2。如果你没有安装 Node.js，或者版本比较落后，可以重新安装。Node.js 是一款免费的软件，它的安装过程很简单。直接登录 Node.js 官网（https://nodejs.org），Node.js 安装包支持 Windows、MacOS 和 Linux 操作系统，根据操作系统，安装所需要的 Node.js 版本即可。整个安装过程，不需要额外的配置，按照提示一步步完成。

Node.js 安装之后，再安装其他的模块就简单多了，这是因为，Node.js 自带 NPM 工具。NPM 是 Node Package Manager 的缩写，从字面意思就能看到，NPM 的作用是管理 Node 所需要的包（Package）或模块（Module）。通过 NPM 命令，可以很方便地安装 Node 模块。

Node、Node.js 还是 Node.JS?

关于 Node，经常出现几种不同的说法，那到底以哪个为准呢？按照 Node 官方网站（https://nodejs.org/）的说法，Node.js®是商标，即使在官网上，也常常把 Node.js 简称为 Node。

9.4　Node.js 验证

安装 Node.js 后，需要快速验证它是否安装成功了。打开电脑上的终端窗口，输入以下命令：

```
node
```

接下来，在 Node.js 提示符下，执行以下命令：

```
> console.log("Hello World");
```

如果 Node.js 正常的话，应该在终端窗口输出“Hello World”。这时候，在终端窗口，仍然看到一个“>”符号，表明它还处于 Node 运行状态。

可通过按下组合键 Ctrl+C 退出 Node 服务。其实，Ctrl+C 不是 Node 所特有的，它是常用终端命令的一种，其用途是中断当前运行的命令。接下来，在终端窗口的命令提示符下，执行以下命令来验证 npm 命令能否正常工作。

```
npm version
```

此时，应该看到类似如下的输出。

```
{
    npm: '3.10.9',
    ares: '1.10.1-DEV',
    http_parser: '2.7.0',
    icu: '57.1',
    modules: '48',
    node: '6.9.2',
    openssl: '1.0.2j',
    uv: '1.9.1',
    v8: '5.1.281.88',
    zlib: '1.2.8'
}
```

Node.js 安装后，接下来创建一个 Node.js 工程。

9.5　第一个 Node.js 工程

9.5.1　创建 Node.js 工程

要想创建一个 Node.js 工程，并不需要一个 Node.js 专用的 IDE（集成开发环境）。只要手头有一个编辑器，就可以创建一个 Node.js 工程。这里推荐使用 Sublime Text 编辑器（http://www.sublimetext.com）。

Sublime Text 是一款极为优雅、高效的编辑器，所有文件的管理都可以直接在 Sublime 这个超级编辑器中完成，而且还是免费的。在 Sublime 中创建一个文件，代码如下。

```
//server.js
var http = require("http");
var app = http.createServer(function(request, response)
{
    response.writeHead(200, {"Content-Type": "text/plain"});
    response.end("Hello world!");
});
//启动服务
var server = app.listen(3000, function ()
{
    console.log('Server listening at http://' + server.address().address +
                 ':' + server.address().port);
});
```

打开终端窗口，进入到该文件所处的路径，运行 node server.js。此时，在浏览器中输入"http://localhost:3000"，浏览器输出"Hello world!"，如图 9-1 所示。

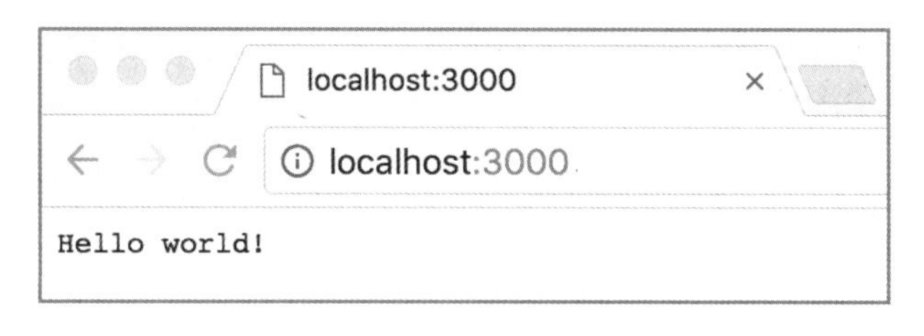

图 9-1　Node.js 在浏览器上的输出结果

代码解读

之所以能够在浏览器中看到"Hello world!"，起关键作用的是 http 模块的 createServer()方法，通过这个方法，创建了一个 HTTP 服务实例。该方法接收一个回调函数，回调函数的参数分别代表 HTTP 请求对象（Request）和 HTTP 响应对象（Response）。

Node.js 的核心理念是事件驱动编程。对于程序员来说，必须事先知道有哪些事件，以及如何响应这些事件。通常情况下，用户在界面上单击了一个按钮，就会产生一个单击事件，这就是直观上的事件驱动编程。对于 Node.js 编程来说，套路就是：前端（客户端）触发事件（发出一个请求），后台响应前端的请求（响应客户端的事件）。

在刚才的示例中，来自客户端的事件是隐含的，这个隐含的事件就是 HTTP 请求。在 http.createServer(function(request, response) {…})中，request 代表客户端的请求，而 response 代表后台的响应。这就是说，request 与 response 是成对出现的。在这段代码中，前端发出 HTTP 请求后，后台返回给前端一个字符串"Hello world!"。

读到这里，你可能产生一个疑问：为什么返回的是一串字符而不是一个网页呢？这是因为，有这么一段代码：

```
{"Content-Type": "text/plain"}
```

它把内容类型设为了普通文本。如果想返回一个网页，需要把"text/plain"改为"text/html"。当然，仅仅做这个改动是不够的，还得提供相应的 HTML 文件。后面的章节会有详细的讲述。

9.5.2　运行 Node.js 工程

学习任何一门编程技术，最有效的方法就是通过揣摩他人的工程，边调试边学习。在 https://www.github.com上，可以搜到很多 Node.js 源码实例。初学者遇到的困惑是，当拿到一个 Node.js 工程时，该怎么运行呢？

如同看一本书要先看它的目录一样，几乎每一个 Node.js 工程都有一个配置文件，用来统一管理这个工程，这个配置文件就是 package.json。要想知道怎么运行 Node.js 工程，先得弄清楚 package.json 这个文件的内涵。

1. package.json 文件概述

每个项目的根目录下，一般都有一个 package.json 文件，该文件定义了这个项目所依赖的模块，以及项目的配置信息（如名称、版本等）。npm install 命令根据这个配置文件，自动下载所依赖的模块，配置项目所需要的运行环境。

从文件的后缀可以看出，package.json 是一个 JSON 结构的对象，先看段示意代码。

```
{
    "name": "login",
    "version": "0.0.0",
    "private": true,
    "scripts":
    {
        "start": "node ./bin/www"
    },
    "dependencies":
    {
        "body-parser": "~1.15.2",
        "cookie-parser": "~1.4.3",
        "debug": "~2.2.0",
        "ejs": "~2.5.2",
        "express": "~4.14.0",
        "morgan": "~1.7.0",
        "serve-favicon": "~2.3.0"
    }
}
```

其中的 dependencies 字段指定了项目运行所依赖的模块，dependencies 对象的各个成员分别由模块名和对应的版本组成，表示依赖的模块及其版本范围。

每个模块对应的版本，可以加上版本的限制，主要有以下几种。

（1）指定版本：比如 1.2.2，遵循“大版本.次要版本.小版本”的格式规定，安装时，只安装指定的版本。

（2）波浪号+指定版本：如“~1.2.2”，表示要安装 1.2.x 的最新版本（不低于 1.2.2），但是不安装 1.3.x，也就是说，安装时不改变大版本号和次要版本号。

package.json 文件可以手动编写，也可以通过 npm init 命令自动生成。

2. 依赖模块的安装

每个 Node.js 工程默认都带有一个 package.json 文件，通过 package.json 文件可以清晰地看到它所依赖的模块。

那么，怎么安装这些依赖模块呢？总不至于一个个地安装吧？没错，Node.js 提供了相应的批量安装指令——npm install。打开终端窗口，进入到所要运行的工程路径，运行

```
npm install
```

该指令会检查当前目录下的 package.json，并自动安装所有指定的依赖模块。安装成功后，会自动生成一个 node_modules 文件夹。所安装的依赖模块也会加入到这个 node_modules 文件夹中。

如果一个模块不在 package.json 文件之中，可以单独安装这个模块，并使用相应的参数，并将其写入 package.json 文件之中。比如：安装 express 模块。

```
npm install express --save
```

参数--save 表示安装后会自动把模块名添加到 package.json 文件中。

3. 启动 Node.js 服务

基于 Node.js 的全栈开发框架离不开 Express 技术。在 Node.js 中，Express 是作为一个 Module 存在的，所以在 package.json 文件中，常看到 Express 的依赖，如“"express": "^4.13.0"”。

一个 Express 应用，实际上就是一个 Node.js 程序，因此可以直接运行。在安装好依赖后，接着启动这个服务。

对于一个规范的工程来说，在它的根目录下，会有一个服务的入口，通常是 app.js 或 server.js 文件。在终端窗口，进入到它所在的路径，运行这个服务程序即可。

启动服务指令：

```
node app
```

可以不带.js 后缀。如果运行成功，通常给出这样的一个提示：

```
server listening on port 3000
```

接下来，打开浏览器，输入地址“http://localhost:3000”，就会看该应用的主页了。想要关闭服务的话，在终端中按下组合键 Ctrl+C。

提示，Node.js 应用默认的端口是 3000，但这并不意味着端口不能改变，所以在启动 Node 服务时，一定要查看下端口的设置。

9.5.3 Node.js 服务的自动重启

我们注意到，每次修改后台服务代码后，都要先停止当前的服务，同时按下 Ctrl+C 组合

键，再重新启动服务。在项目开发的过程中，我们会频繁执行类似的命令：node server.js。既然修改代码的频次很高，有没有一种方法，可以做到代码修改后，自动刷新服务呢？这就要用到自动重启工具——nodemon。

在使用 nodemon 之前，先要安装它，安装方法离不开 npm 指令。

```
npm install -g nodemon
```

安装完 nodemon 后，就可以用 nodemon 来代替 node 来启动应用了。比如：

```
nodemon server.js
```

nodemon 之所以比较流行，主要是因为它的可配置性很高；通过配置 nodemon 的生产环境，当应用崩溃后，nodemon 会先中断服务退出应用，再重新启动服务。

如果想通过 npm start 命令来启动应用，同时又想用 nodemon 来监控文件改动，可以修改 npm 的 package.json 文件中的 scripts.start。

```
"scripts":
{
    "start": "nodemon ./bin/www"
}
```

这时候，就可以简单地通过 npm start 来启动这个服务了。

运行应用程序的指令是：

```
npm start
```

安装了 Nodemon 后，只需要执行：

```
nodemon
```

以上两个指令的运行结果是同等的。无疑，有了 Nodemon 后，运行程序更加方便快捷了。

9.6　小结

Node.js 毕竟是一门前沿技术，对初学者来说有一定的门槛。也正是出于这个原因，才诞生了基于 Node.js 之上的框架，而最为主流的 Node.js 框架——非 Express 莫属！

通过下一章的学习，你会领悟到，Express 为 Node.js 开发添加了一双凌厉的翅膀，它使得原本高深的 Node.js 变得如此得简单易用，让初学者轻松上手！

第 10 章

Express——后端框架

10.1　概述

Express 是 MEAN 全栈中的 E。Express 的官方网站是 http://expressjs.com/，Express 是一个应用最为广泛的 Node Module（模块），它是一个极为成熟的后端框架，目前已发展至 4.X 版本。

Express 到底有什么用呢？我们先来设想下，对用户来说，一个网站由前端网页和后台数据组成，这里似乎看不到 Express 的影子。问题在于，开发一个复杂功能的网站时，需要呈现多个页面，页面之间还有跳转的逻辑，这就涉及路由问题。

可以说，Expresss 是目前最流行的基于 Node.js 的 Web 开发框架，有了 Express，可以快速地搭建一个完整功能的网站。

Express 主要包含三个核心概念：路由、中间件、模板引擎。

10.2　Express 工程的创建

Express 是基于 Node.js 之上的框架，是对 Node.js 的进一步封装。Express 框架的核心是对 HTTP 模块的再封装，有了 Express 框架，HTTP 的请求就会变得简单起来。我们再来用 Express 改写代码。

```
var express = require('express');
var app = express();
app.get('/', function (req, res)
{
    res.send('Hello world!');
});
//start server
```

```
var server = app.listen(3000, function ()
{
   console.log('Server listening at http://' + server.address().address +
               ':' + server.address().port);
});
```

再来启动这个服务，在浏览器地址栏输入“http://localhost:3000”，浏览器输出效果是一样的，还是输出“Hello world!”

在此之前，我们曾经用 Node.js 原生的方法创建了一个 Hello world 工程。在 Node.js 原生中，用 http.createServer 方法创建一个 App 实例；在 Express 框架中，用 express()构造方法，创建了一个 Express 对象实例。两者的回调函数都是相同的。虽然功能相同，从易用角度来看，有了 Express，代码的可读性简单了很多。

不错，Express 上手很快，使用 Express 只需要两行代码。

```
var express = require('express');  //用来加载 Express 模块
var app = express();               //通过 express()构造函数，创建 Express 实例对象
```

Express 给我们带来的最大便利是——让路由变得更加简单，那么，什么是路由呢？

10.3 Express 中的 GET 与 POST 请求

GET 与 POST 是 HTTP 最为常用的两个请求，它们是 RESTful API 的重要组成部分，而且各有分工。通常来讲，GET 是用来从后台获取数据，而 POST 是用来向后台提交数据。

Express 框架通过 Express 实例来处理客户端的 GET 和 POST 请求。4.0 版本之前的 Express 通过 connect 中间件来处理 POST 请求，多少让人有些迷惑。在 4.0 以后的版本，connect 中间件被弃用了，取而代之的是 body-parser 中间件。

10.3.1 GET 请求

在 Express 中处理 GET 请求是一件很简单的事情，只需要创建一个 Express 实例，然后调用它的 GET 方法就可以了。

这里给出一个 GET 请求示例，代码如下。

```
var express = require("express");
var app = express();
app.get('handle',function(request,response)
{
});
```

当在浏览器地址栏输入“http://localhost:3000/handle”时，会执行相应的回调方法。

需要注意的是，GET 请求的数据能够被缓存在浏览器中。为了安全考虑，对于敏感的数据，如用户密码等，不要放在 GET 请求中。

10.3.2 POST 请求

在 Express 4.0 及以上版本，用 body-parser 这个中间件来处理 POST 请求，当用到 POST 请求时，需要单独安装 body-parser 中间件。方法是：先安装，再加载。如同安装其他中间件一样，安装 body-parser 的方法有两种。

- 直接写在 package.json 脚本文件中，通过 npm install 一次性安装。
- 通过终端命令来安装：npm install --save body-parser。

把 body-parser 模块加载到工程中，并且告诉 Express 来使用这个中间件，代码如下。

```
var express = require('express');
var bodyParser = require('body-parser');
var app = express();
app.use(bodyParser.urlencoded({ extended: false }));
app.use(bodyParser.json());
```

一旦配置完成后，Express 就可以通过 app.post 路由来处理 POST 请求了。为了获取 POST 的参数（或对象），可以通过 req.body.xx 的方式来获取，代码示意如下。

```
app.post('handle',function(req,res)
{
    var var1=req.body.var1;
    var var2=req.body.var2;
});
```

代码中的 var1 和 var2，通常来自 Web 页面上的<input>标签。路由（Route）、视图（View）、控制器（Controller）三者构成一个完整的页面单元。

在 Express 4.X 版本中，通过以上方式来处理 GET 与 POST 请求。在后续的实例中，我们通过一个登录页面，来演示 GET 与 POST 的应用。

10.4 小结

对于 Web 开发来说，关键在于如何请求和访问前端网页。本章讲述的 Express 框架，有效地解决了这个网络路由问题。行文至此，MEAN 全栈的后端部分（Node.js+Express）告一段落了。接下来，开始进入前端的世界——AngularJS。

第 11 章 AngularJS——Google 前端框架

11.1 AngularJS 概述

在吹响“全端”号角的今天，我们越来越强调前端框架的重要性。在前端的世界，AngularJS 可谓“玉树临风”。在 MEAN 全栈中，Node.js 和 Express 负责后端处理，而与网页交互的正是 AngularJS。因此，可以想象 AngularJS 在 MEAN 全栈中所占比重之高。

关于 AngularJS，这里要特别说明一点：本书讲述的 AngularJS、示例中所引用的 AngularJS 均为 1.x 版本，具体来说是 1.4.6 版本。AngularJS 最新版本是 2.x。或许读者产生疑问，为何不用 AngularJS 最新的 2.x 版本呢？这是因为，它的 2.x 并不是在原有 1.x 上的升级，而是一个全新的版本。二者谈不上兼容之说。普遍认为，AngularJS 1.x 版本更成熟、应用更广泛、可参考的资料更多。在项目开发时，选择一个成熟的框架，十分重要！

注：AngularJS 的官方网站https://www.angularjs.org。

AngularJS 是 MEAN 全栈中的“A”。同 MEAN 全栈技术的其他组件一样，AngularJS 也是开源的。AngularJS 最初由 Miško Hevery 和 Adam Abrons 于 2009 年开发，后来成为了 Google 公司的项目。

AngularJS 的官方文档是这样介绍的：AngularJS 是完全使用 JavaScript 编写的客户端技术，同其他悠久的 Web 技术（HTML、CSS、JavaScript）配合使用，使 Web 应用开发比以往更简单、更快捷。AngularJS 的开发团队将其描述为一种构建动态 Web 应用的结构化框架。

AngularJS 主要用于构建单页面 Web 应用，尤其是对于构建交互式的现代 Web 应用变得更加简单。AngularJS 有两大特性：单页面应用和双向数据绑定。提到前端开发，离不开 jQuery。有人会问起：在 AngualrJS 中使用 jQuery 好么？对于这个问题，网上争论较大。之所以出现这样的争论，是因为 AngularJS 能做的，jQuery 都能做。也可以说，AngularJS 是从另外一个角度实现了一个轻量级的 jQuery。

对于 AngularJS 学习者来说，应该做到从零去接受 AngularJS 单页面应用的思想，还有它的双星数据绑定，尽可能使用 AngularJS 自带的 API，还有它的路由、指令、服务等。AngularJS 自带了很多 API，可以完全取代 jQuery 中常用的 API。

如果说 AngularJS 与 jQuery 有什么区别，可以这样理解：AngularJS 是一个前端框架，而 jQuery 是一个 JavaScript 库。尽管在 AngularJS 中可以调用 jQuery，但我们还是要尽可能遵循 AngularJS 的设计思想。

在众多的前端框架中，为什么选择 AngularJS 呢？这主要是考虑到以下因素。

作为一款主流的前端框架，AngularJS 是一种典型的 MVC（Model-View-Controller）设计模式，由模型（Model）、视图（View）、控制器（Controller）三部分组成。采用这种方式为合理组织代码提供了方便，减低了代码间的耦合度，功能结构清晰可见。

Model：一般用来处理数据，包括读取和设置数据，一般指的是操作数据库。模型定义了应用的数据层，它是独立于用户界面的，在 AngularJS 中，Model 的应用非常简单，可以理解为一个模型就是一个 JavaScript 对象。

View：在 Web 应用中，视图就是 HTML 网页，用来展示模型数据的；在 AngularJS 中，数据与模板引擎相结合，再加上 AngularJS 的指令（Directives），从而构建了一个丰富的 HTML 页面。

Controller：控制器是用来操作模型中的数据的，在 AngularJS 应用中，控制器就是通过 controller()方法创建 JavaScript 函数的。因为一个模块里面可能有多个模型和视图，控制器就起到了连接模型和视图的作用。

图 11-1 清晰地说明了各部分之间的关系。

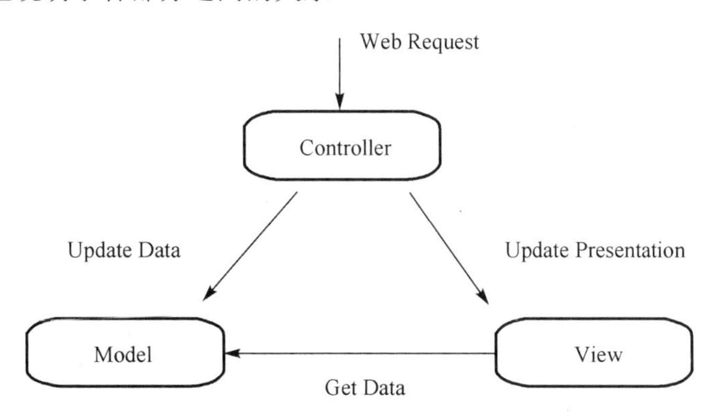

图 11-1　MVC 设计模式

AngularJS 以双向数据绑定而著称，通过 AngularJS 内置的指令，模型直接与 UI 视图绑定，基本上不必关心模型与 UI 视图的关系，直接操作模型，UI 视图会自动更新。

用 AngularJS 写 UI 视图，就是写正常的 HTML/CSS，写逻辑控制代码就是用 JavaScript 操控数据，而不是直接操作 DOM。AngularJS 通过自有的指令，实现 DOM 与数据的互动。

双向数据绑定意味着，当用户更新视图时，模型会自动更新；类似地，当控制器修改模型时，视图也同样更新，而且这个更新的过程是同步完成的。

11.2 AngularJS 指令概述

初次接触任何一种技术框架，首先需要熟悉它的实现理念，对于 AngularJS 来说，也不例外。AngularJS 有一个基础的概念——指令（Directive）。

AngularJS 有一套完整的、可扩展的、用来帮助 Web 应用开发的指令集，它使得 HTML 可以转变成特定领域的语言，是用来扩展浏览器能力的技术之一。在 DOM 编译期间，与 HTML 相关联的指令会被检查到，并且被执行，这使得指令可以为 DOM 指定行为，或者改变 DOM 的行为。

AngularJS 通过指令的属性来扩展 HTML，它的前缀是 ng-，我们也可以称之为指令属性，它就是绑定在 DOM 元素上的函数，可以调用方法、定义行为、绑定 Controller 和$scope 对象、操作 DOM 等。

AngularJS 指令指示的是："当关联的 HTML 结构进入到编译阶段时应该执行的操作"。所谓 AngularJS 指令，从本质上讲只是一个当编译器编译到相关 DOM 时需要执行的函数，指令可以写在元素名称里，也可以写在属性、CSS 类名，甚至可以写在 HTML 注释中。

当浏览器启动，开始解析 HTML 时，DOM 元素上的指令属性就会跟其他属性一样被解析。也就是说，当一个 AngularJS 应用启动时，AngularJS 编译器就会遍历 DOM 树来解析 HTML，寻找这些指令属性函数，在一个 DOM 元素上找到一个或多个这样的指令属性函数，它们就会被收集起来进行排序，然后按照优先级顺序被执行。

AngularJS 应用的动态特性和响应能力都要归功于指令属性，常用的指令有 ng-app、ng-init、ng-model、ng-bind、ng-repeat 等。我们先来介绍一下概念，对这几个指令有个初步的认识。在项目开发中，这些指令往往要结合起来使用。

11.2.1 AngualrJS 指令：ng-app

ng-app 指令用来标明一个 AngularJS 应用程序，并通过 AngularJS 完成自动初始化应用和标记应用根作用域，同时载入与指令内容相关的模块，并通过拥有 ng-app 指令的标签为根节点开始编译其中的 DOM。

引用方法很简单，如下所示。

```
<div ng-app="">
```

```
</div>
```

通过以上引用，一个 AngularJS 应用程序的初始化就完成了，并标记了作用域。这里的 div 元素就是 AngularJS 应用程序的所有者，在它里面的指令也就会被 Angular 编译器所编译、解析。

11.2.2　AngularJS 指令：ng-init

ng-init 指令用来初始化应用程序数据，也就是为 AngularJS 应用程序定义初始值，如下所示，我们为应用程序变量 name 赋定初始值。

```
<div ng-app=""  ng-init="name='Hello World'">
</div>
```

我们不仅可以赋值字符串，也可以赋值为数字、数组、对象，而且可以为多个变量赋初始值，如下所示。

```
<div ng-app="" ng-init="quantity=1; price=5">
</div>
<div ng-app="" ng-init="names=['Tom','Jerry','Gaffey']">
</div>
```

11.2.3　AngularJS 指令：ng-model

在 AngularJS 中，只需要使用 ng-model 指令就可以把应用程序数据绑定到 HTML 元素，实现模型和视图的双向绑定，使用 ng-model 指令也可以对数据进行绑定。

ng-model 指令把 HTML 页面中的<input>、<select> 或 <textarea> 元素的值绑定到作用域模型的值中，当用户改变该元素的值时，该值被自动地在作用域改变；反之亦然，示例如下。

```
<div ng-app="">
```

请输入任意值“<input type="text" ng-model="name" />”

你输入的为“{{ name }}”。

```
</div>
```

ng-model 把相关处理事件绑定到指定的 HTML 标签上，AngularJS 会自动完成数据的变化和相应的页面展示。

所谓双向绑定，是指既可以从 View 绑定到 Model，也可以从 Model 绑定到 View。

11.2.4　ng-app 与 ng-model 示例

我们先来创建一个 HTML 文件，命名为 ng-case-1.html，编写以下代码。我们迫不及待地想看下用到了 AngularJS 后，效果会有怎样的变化呢？

```
<!DOCTYPE html>
<html ng-app>
<head>
   <title>Hello World in AngularJS</title>
</head>
<body>
  <input ng-model="name"> Hello  {{name}}
  <script src="http://apps.bdimg.com/libs/angular.js/1.4.6/angular
           .min.js"></script>
</body>
</html>
```

这是一段 HTML 代码，要想展示 HTML 的效果，当然需要用到浏览器。在浏览器中打开这个 HTML 文件。运行结果如下。不管输入框输入什么内容，你会注意到，边输入边显示，这就是 AngularJS 数据与视图绑定的效果，如图 11-2 所示。

AngularJS 应用　　Hello AngularJS 应用

图 11-2　数据与视图绑定的效果

在这个 HTML 页面中，仅仅用到了 AngularJS 两个内置指令，就实现了单向数据与视图绑定的效果，很神奇吧！我们再来看看 ng-app 与 ng-model 这两个神奇的指令。

ng-app 是用来启用 AngularJS 的指令。在一个 HTML 文件中，ng-app 起始的位置就是 AngularJS 开始起作用的地方。为了让 AngularJS 在整个 HTML 网页中起作用，通常把它放在<html>或<body>的位置，比如<html ng-app>或<body ng-app>，在刚才的示例中，便是将 ng-app 放在了<html>标签中。在真正的项目开发中，我们会对 ng-app 声明一个 Module，后续的章节会用到这一点。默认情况下，ng-app 可以为空，所有才有了<html ng-app>默认方式。按理说，应该给 ng-app 赋值，比如<html ng-app='myAPP'>。注意，这里的 ng-app 的赋值 Module 名字用的是英文字母的单引号。

ng-model 也是一个最为基础的 AngularJS 内置指令，它的作用是绑定视图元素，常用来绑定的元素有 input、select、checkbox、texteara。通过 ng-model，可以把数据（可以理解为 Module）和视图元素绑定起来。从页面显示效果来看，就是所见即所得。在 input 标签中所输入的数据，通过 ng-model 能实时获取到，并通过{{name}}显示出来。

{{name}}中要注意这对花括号{{ }}，是两对花括号。至于为什么用两对花括号，我们姑且认为这是 AngularJS 所特有的语法吧。在刚才的示例中，注意以下两行代码。

```
<input ng-model="name">
{{name}}
```

ng-model 的赋值（这里是 name）与花括号中的引用（name）必须一致，如果改动了 ng-model 的赋值，花括号的引用也要发生相应的变化，代码改动如下。

```
<input ng-model="newName">
{{newName}}
```

11.2.5 AngularJS 指令：ng-click

AngularJS 也有自己的 HTML 事件指令，比如，通过 ng-click 定义一个 AngularJS 单击事件。对于按钮、链接等，我们都可以用 ng-click 指令属性来实现绑定，代码示例如下。

```
<div ng-app="" ng-init="click=false">
<button ng-click="click= !click">隐藏/显示</button>
<div ng-hide="click">
请输入一个名字：<input type="text" ng-model="name" />
Hello <span ng-bind="name"></span>
</div>
</div>
```

说明：当 ng-hide= “true”时，设置该 HTML 元素为不可见；反之，当 ng-hide=“false”时，它所对应的 HTML 元素为可见。

ng-click 指令将 DOM 元素的鼠标单击事件（即 mousedown）绑定到一个方法上，当浏览器在该 DOM 元素上用鼠标触发单击事件时，AngularJS 就会调用相应的方法。

11.3 AngularJS 构建单页面应用

11.3.1 单页面应用的优势

1. 编写更容易维护的代码

很多人经常会抱怨，不同水平的人凑在一起写 JS，到最后项目经常就是一锅粥，同一个 JS 文件里面，各种各样的逻辑都混在一起，要增删一个功能，简直是恶梦。作为一个框架，Angular 无疑能大大改善这种状况，使得项目整体的分层明了，职责清晰。

2. 关注点分离

关注点分离是 Angular 的一大特点。所谓关注点分离，指的是各个逻辑层职责清晰，例如，当你需要修改甚至替换展现层时，无须关注业务层是怎么实现的。在 Angular 中，服务层（Ajax 请求）、业务层（Controller）、展现层（HTML 模板）、交互层（Animation）都有对应的基础组件，不同组件职责不同，你也很难将本属于一个组件的职责放到另一个组件上去实现。下面是几个例子。

HTML 及控制器需要协同工作，但要职责分明。视图、交互层面的逻辑，只能放到 HTML 模板中，控制器只能用于数据初始化，它没有办法去操作 DOM 元素（不用 jQuery 的话）。这一点非常重要，传统的 js 代码，经常出现这样的情况：JS 里面有大量 DOM 操作的逻辑，同时还有大量数据操作相关的逻辑，这些逻辑耦合到一起，当需要单独重构数据层或者视图层时，都会捉襟见肘，同时，由于代码量的迅速膨胀，维护起来也会很麻烦。

我们无法将后台通信逻辑放到控制器中实现，而是要放到 factory 中。后台通信逻辑一般要做成公用的。而由于控制器之间是不能相互调用的，所以也不可能将后台通信逻辑放到其中的一个控制器，然后其他控制器来调用这个控制器暴露的接口，唯一的办法就是将后台通信逻辑放到 factory 或者 service 中。

filter 及 directive 看似都可以用于数据转换，但实则不同。由于 filter 只能做数据格式化，不支持引入模板，所以公用的 UI 交互，涉及 DOM 元素或者需要引入 HTML 模板时，也只能通过 directive 来实现。

综上所述，AngularJS 项目，其展现层、交互层的逻辑都是在 HTML 或者指令中；服务层（后台通信），只适合出现在 facoty（service）中；业务层只能由 Controller 来负责。这样每层的逻辑都是相对独立的，而不是纠结在一起。

如果只是优化展示逻辑，只需改动 HTML 就可以了，不用管 Controller 是怎么写的。在重构视图效果时，只需要重写 HTML 页面；而 Controller、后台通信（factory）、filter 基本都不用改，只要改 HTML 就行了。而如果项目是用 jQuery 写的，显然不可能做到这样，需要重新为新的 HTML 增加一些可供 jQuery 选择器使用的 class 或 id，然后在 JS 里面绑定事件，根据新的 HTML、CSS 重写新的交互效果，而在 AngularJS 上，与视觉效果相关的，只需改 HTML 就行，用不着改 JS。

3．AngularJS 减少了代码量

代码臃肿、繁多也是 JS 代码混乱、难组织的原因之一，因此，实现同样的功能，代码量越少，抽象程度越高，在某种程度上意味着项目更方便维护。而能减少代码量，也是 Angular 被推崇的一大优点。让我们来看看，AngularJS 是如何减少代码量的。

首先，作为一个大而全的框架，AngularJS 提供的诸多特性，使我们可以更专注于业务代码的编写。

其次，AngularJS 双向数据绑定的特性，将我们从大量的绑定代码中解放出来。和 jQuery 对比，AngularJS 不用为了选择某个元素，而刻意为 HTML 加上一些跟样式无关的 class、id；不用写一堆从 HTML 元素中取值、设值的代码；不用在 JS 代码中绑定事件；不用在 JS 值发生变化时写代码去更新视图 HTML 显示的值。双向数据绑定，让我们告别很多简单无趣的绑定事件、绑定值的代码。

第三，directive、filter、factory 等，天然就是一个个可以复用的组件，从而减少了冗余重复代码。一些需要公用的逻辑，如果放在 Controller 中，会很别扭。把公用逻辑都放到 directive、filter、factory 中去，这也是 AngularJS 的强大优势所在。

11.3.2　轻松构建单页面应用

有一种说法，AngularJS 是为单页面应用（Single Page Application）而生的。不错，我们可以借助 AngularJS 轻松地构建一个单页面应用。如果你希望构建一个结构清晰、可维护、开发效率高、体验好的单页面应用，AngularJS 是一个相当不错的框架。

什么是单页面应用？Single Page Application（SPA）指的是一种基于 Web 的应用或网站，页面永远都是局部更新元素，而不是刷新整个页面。当用户单击某个菜单或按钮时，不会跳转到其他的页面，前端会从后端获取对应页面的数据而不是 HTML，之后在页面中需要更新内容的地方局部动态刷新，这就是单页面应用的魅力所在。反过来，如果是多页面应用，当用户访问不同的页面时，服务器会直接返回一个 HTML，然后浏览器直接将这个 HTML 页面展示给用户。多页面应用的最大弊端是，用户在操作过程中频繁地跳转页面，用户体验较差。而单页面应用能给用户带来一种更接近客户端的体验，而不是网页的体验。

在体验方面，单页面应用网站在做页面跳转时，永远都是局部动态刷新，用户不会感觉整个屏幕闪了一下，而是需要变化的区域做了局部更新。例如，有两个不同的页面，假设页面元素都是一样的，只是元素中的文字内容不一样，采用单页面框架后，当用户跳转到另外一个页面时，会看到整个页面并没有重新渲染，只是文字发生了变化。简单地说，这有点类似使用一个 App，永远都是局部发生变化。这种差别看上去是微小的，但整个用户体验完全不同。你见过哪个 App，当单击不同的功能视图时，整个屏幕会白屏闪一下的吗？整个屏幕的加载，用户会感觉到一切从头开始，而且还有一个明显的等待过程，用户体验很不好。

功能切换时，用户体验快速流畅。之所以流畅，有两个原因：

（1）页面都是局部刷新，从用户感官来说，感觉不到页面在变化。

（2）前端与服务器的交互，都是通过数据进行的，而不是页面模板，请求量更少；而传统的网站，在访问不同的页面时，服务器返回的是 HTML，体积很大，而且还需要一直重复加载 JS、CSS 文件。

当网站是单页面应用时，可以更好地使用一些全局类的交互，即使在页面切换时，有些元素可以一直保持不变。例如，如果要上传一个较大的文件，我们希望一直显示文件上传的进度，如果是单页面应用，当用户单击其他区域时，这个上传的进度条不会消失，会一直存在，并且实时更新进度；如果是多页面应用，用户则会困惑，担心自己跳转到其他页面后，这个进度条会消失。

11.3.3 单页面应用的实现

既然说 AngularJS 的强大之处在于它是一个单页面应用的前端框架，那么我们就来看一个单页面应用的示例。先介绍下应用场景，如图 11-3 所示。

图 11-3　首页是一个带有导航栏的页面

当单击不同的按钮（Home、About、Contact）时，内容有相应的变化，比如，单击 Home 时显示 Home Page，而单击 About 时显示 About Page，单击 Contact 时则显示 Contact Page。

为了实现以上效果，传统的做法是先创建四个 HMTL 文件：index.html、home.html、about.html 和 contact.html，在通个<a>标签实现跳转，这种实现方法的冗余代码非常多。我们说，单页面应用的玄妙之处在于局部区域刷新，而不是整个页面刷新。如何通过单页面应用实现以上效果呢？

AngularJS 是通过路由（Route）来实现单页面应用的。通俗地讲，所谓路由，就是告诉你一个通往某个特定页面的途径。从某种意义上说，单页面应用实现的是一种“伪页面切换”。就这个示例来讲，路由的过程如图 11-4 所示。

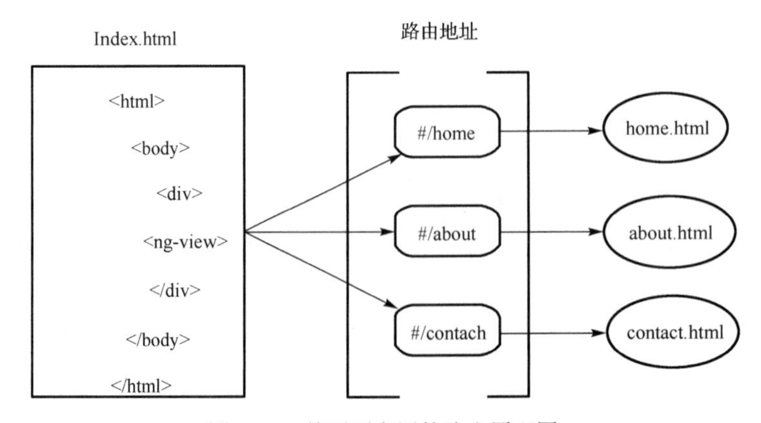

图 11-4　单页面应用的路由原理图

AngularJS 单页面应用的页面切换原理如下。

- 使用 JavaScript 解析当前的页面地址，JavaScript 文件必不可少。
- 找到指定的路由地址所对应的真正的页面名称。
- 发起请求，读取目标页面的内容，加载到当前页面指定位置。

1. 实现伪页面切换效果

AngularJS 中的路由模块用于实现 SPA 应用中的伪页面切换效果，具体步骤如下。

（1）在 index.html 中引入 angular.js 和 angular-route.js。

（2）在 index.html 页面中声明一个带有 ng-view 指令的 div 容器。

```
<div ng-view></div>
```

（3）创建一个模块，所创建的模块要依赖于 ngRoute。比如：

```
var myApp = angular.module('myApp', ['ngRoute']);
```

（4）配置路由地址的映射信息。

```
.config( function( $routeProvider )
{
    $routeProvider.when( '/路由地址',
    {
        templateUrl: '伪页面地址'
        controller  : '控制器名称'
     })
})
```

（5）测试：地址栏中输入“http://localhost:3000/index.html#/”路由地址。

2. 单页面实现代码分析

清楚了 AngularJS 单页面应用的原理，接下来我们再看看具体的代码实现。

第一步：构建所需要的 HTML 页面

```
//index.html---------------------
<!DOCTYPE html>
<!-- define angular app -->
<html ng-app="myApp">
<head>
<script type="text/javascript" src="http://cdnjs.cloudflare.com/ajax/libs/
            jquery/2.0.3/jquery.min.js"></script>
<script type="text/javascript" src="http://netdna.bootstrapcdn.com/bootstrap/
```

```
            3.3.4/js/bootstrap.min.js"></script>
<link href="http://cdnjs.cloudflare.com/ajax/libs/font-awesome/4.3.0/
            css/font-awesome.min.css" rel="stylesheet" type="text/css">
<link href="http://pingendo.github.io/pingendo-bootstrap/themes/default/
            bootstrap.css" rel="stylesheet" type="text/css">
<script src="http://cdn.static.runoob.com/libs/angular.js/1.4.6/
            angular.min.js"></script>
<script src="https://apps.bdimg.com/libs/angular-route/1.3.13/
            angular-route.js"></script>
<script src="myapp.js"></script>
</head>
<body>
  <nav class="navbar navbar-default">
    <div class="container">
      <div class="navbar-header">
        <a class="navbar-brand" href="/">Angular Routing Example</a>
      </div>
      <ul class="nav navbar-nav navbar-right">
        <li><a href="#/"><i class="fa fa-home"></i> Home</a></li>
        <li><a href="#about"><i class="fa fa-shield"></i> About</a></li>
        <li><a href="#contact"><i class="fa fa-comment"></i> Contact</a></li>
      </ul>
    </div>
  </nav>
  <div id="main">
    <!-- angular templating -->
     <!-- this is where content will be injected -->
     <div ng-view></div>
  </div>
    <footer class="text-center">
    <p>Single Page Application</p>
    </footer>
 </body>
</html>

//home.html ------------------------------
<div class="jumbotron text-center">
    <h1>Home Page</h1>
    <p>{{ message }}</p>
```

```
</div>

//about.html ------------------------------
<div class="jumbotron text-center">
   <h1>About Page</h1>
   <p>{{ message }}</p>
</div>

//contact.html -----------------------------------
<div class="jumbotron text-center">
   <h1>Contact Page</h1>
   <p>{{ message }}</p>
</div>
```

第二步：构建路由

创建一个 myapp.js 文件，用来处理路由和控制器，代码如下。

```
//myapp.js
//create the module and name myApp
var myApp = angular.module('myApp', ['ngRoute']);
//configure our routes
myApp.config(function($routeProvider)
{
   $routeProvider
   //route for the home page
   .when('/', {
      templateUrl : '/home.html',
      controller  : 'mainController'
   })
   //route for the about page
   .when('/about', {
      templateUrl : '/about.html',
      controller  : 'aboutController'
   })
   //route for the contact page
   .when('/contact', {
      templateUrl : '/contact.html',
      controller  : 'contactController'
   });
});
```

```
//create the controller and inject Angular's $scope
myApp.controller('mainController', function($scope)
{
    //create a message to display in our view
    $scope.message = 'Everyone come and see how good I look!';
});
myApp.controller('aboutController', function($scope)
{
    $scope.message = 'Look! I am an about page.';
});
myApp.controller('contactController', function($scope)
{
    $scope.message = 'Contact us! JK. This is just a demo.';
});
```

第三步：创建一个服务

```
//server.js
var express = require('express');
var app = express();
var path = require('path');
app.use(express.static(path.join(__dirname, 'public')));
app.get('/', function(req, res, next)
{
    res.sendfile(__dirname + '/index.html')
})
var server = require('http').createServer(app);
server.listen(3000);
console.log('connect suceess, port at 3000')
```

至此，在 Shell 终端窗口运行 node server.js，正常的话，就会出现以上单页面应用的效果。

知识点：

关于 href 的应用：在单页面应用中，经常看到 href 这样的用法。

```
<a href="#about">
```

href 是一个超级链接，用于单页面应用的各个页面之间的跳转。需要注意的是，我们使用“#”符号来确保页面不会重载；从请求路径来看，“#”符号表示请求的路径是相当于当前页面。AngularJS 会监控 URL 的变化。

11.4 AngularJS 的加载

11.4.1 AngularJS 的引用

AngularJS 仅仅是一个 JavaScript 库，不是可执行的文件，无须安装，直接引用就可以了。既然 AngularJS 是一个 JS 库，我们就要通过<script>标签来引用它。比如：

```
<script src="//ajax.googleapis.com/ajax/libs/angularjs/1.2.23/
            angular.min.js">
</script>
```

我们引入的是 AngularJS 的 URL，通常一个 URL 前面会有一个 HTTP 或 HTTPS 的协议标识。更多时候，是带有协议标识的引用，如下所示。

```
<scriptsrc="https://ajax.googleapis.com/ajax/libs/angularjs/1.2.25/
            angular.min.js">
</script>
```

不加协议标识，反倒更加方便。这由浏览器自行决定是加载 HTTP 的，还是加载 HTTPS，从而避免了兼容问题。

11.4.2 加载 AngularJS 静态资源库

要想创建 AngularJS 应用，必须引入 AngularJS 静态资源库。最简单引入方式就是引入 AngularJS 的官方 URL。比如：

```
< script src="//ajax.googleapis.com/ajax/libs/angularjs/1.2.23/
            angular.min.js">
</script>
```

考虑到网络条件，也可以选用来自百度的静态资源公共库，如 http://cdn.code.baidu.com。在这里可以找到 AngularJS 所有版本的模块，如图 11-5 所示。

angular-route	http://apps.bdimg.com/libs/angular-route/1.3.13/angular-route.js
angular-translate	http://apps.bdimg.com/libs/angular-translate/2.7.2/angular-translate.js
angular-ui-router	http://apps.bdimg.com/libs/angular-ui-router/0.2.15/angular-ui-router.js
angular.js	http://apps.bdimg.com/libs/angular.js/1.4.6/angular.min.js

图 11-5 通过百度 CDN 获取到的静态资源库

既然 AngularJS 是一个库文件，那么这个库文件可以来自网络，也可以直接放到本地的工程中。当放到本地工程时，要注意路径，放的位置不一样，引用的路径也不一样。

11.5 AngularJS 控制器

11.5.1 AngularJS 控制器的创建

创建一个控制器方法：先创建一个模块，然后在模块中创建一个控制器方法，当然，也可以创建多个控制器方法，代码示例如下。

```
var myApp = angular.module('myApp', []);
myApp.controller('FirstController', function($scope)
{
    $scope.message = "hello ";
});
```

我们先创建了一个模块，也可以说创建和声明了一个 module。需要注意一点，这里的 module 与 mongoose 章节中提到的 model 是两个概念，这里的 module 是指一个模块，而 mongoose 中的 model 指的是一个数据模型。

接下来看下 module 的创建方式，通过以下代码来创建一个 module。

```
angular.module('myApp', []);
```

这里所引用的 AngularJS 是一个全局对象，也就是说，在任何地方都可以引用 AngularJS 这个对象。这里要特别注意 module 里面的参数，有时还会看到另一种声明方法：

```
angular.module('myApp');
```

这是在引用 module（名字是 myApp），而不是创建 module。

11.5.2 AngularJS 控制器的应用

AngularJS Controller，顾名思义就是控制器的意思。AngularJS 官方是这么说的：一个控制器是一个 JavaScript 构造函数，用来操作 AngularJS 的$scope 对象。

Controller 与$scope 是一对互为操作的对象，简单来说，AngularJS 会为每个 Controller 设定一个活动范围。在 Controller 所属范围内，会有一个本环境的$scope 对象，$scope 对象上的所有值都可以在对应控制器的模板范围内访问。

Controller 可以做两件事情。

- 设置$scope 对象的初始属性。
- 设置$scope 对象的函数和方法。

通俗来讲，Controller 是用来设置$scope 对象的属性和方法。为了强化 Controller 概念，举个例子：

```
<!DOCTYPE html>
<html ng-app>
<head>
    <title>Hello World in AngularJS</title>
     <script src="http://apps.bdimg.com/libs/angular.js/1.2.6/angular.min.js">
    </script>
</head>
<body ng-controller="TodoController">
    <p>全栈开发技术</p>
        <ul>
        <li ng-repeat="todo in todos">
            <input type="checkbox" ng-model="todo.completed">
            {{ todo.name }}
        </li>
    </ul>

    <script>
        function TodoController($scope)
        {
            $scope.todos = [
            { name: '掌握 HTML/CSS/Javascript', completed: true },
            { name: '学习 AngularJS', completed: false },
            { name: '熟悉 NodeJS ', completed: true },
            { name: '接触 ExpressJS', completed: false },
            { name: '搭建 MongoDB database', completed: false },
            ]
        }
    </script>
</body>
</html>
```

在浏览器中打开所创建的 HTML 文件，显示结果如图 11-6 所示。

在这个实例中，我们用到了三个指令：ng-controller、ng-repeat 和$scope。

ng-controller 是一个控制器指令，该指令声明在 HTML 标签内，如“<body ng-controller = 'MyController'>”，这个 ng-controller 对应的是一个函数，而这个函数是通过 JavaScript 代码编写的。如果将 JavaScript 代码内嵌到 HTML 网页的话，应该为 JS 代码加上<script>标签。

全栈开发技术

- ☑ 掌握 HTML/CSS/Javascript
- ☐ 学习 AngularJS
- ☑ 熟悉 NodeJS
- ☐ 接触 ExpressJS
- ☐ 搭建 MongoDB database

图 11-6 通过$scope 初始化一个数组

ng-controller 指令的运行原理是，每次加载 AngularJS 时，都会读取 ng-controller 指令，并找到 ng-controller 所对应的函数。

我们在前面提到过$scope，它是控制器与视图（网页元素）的桥梁和纽带。在 TodoController 这个函数 function TodoController($scope)中，$scope 是控制器函数中的一个参数。在这个控制器方法中，$scope 只有一个对象（todos），它所承载的是一个数组，数组中的元素是对象。

从字面上不难理解，ng-repeat 就是“重复”显示数组中的对象，具体到这个实例，就是遍历$scope.todos 数组中的每一个对象，并显示在网页上。

在 input 标签上，有这么一行代码：

```
<input type="checkbox"ng-model="todo.completed">,
```

todo.completed 是一个 Bool 类型的变量，只有两个值：true 和 false。当为 true 时，checkbox（复选框）被选中；为 false 时，不会被选中。

顺便提下，function TodoController($scope)是函数声明方式，而不是函数表达式。

11.5.3 AngularJS 的数据绑定

AngularJS 的重要特性之一是双向数据绑定（Two-Way Data Binding），这里强调的是双向。既然有双向，自然会想到单向。为了更好地理解双向数据绑定，我们先来了解下传统的单向数据绑定（One-Way Data Binding）是怎样的？

还以 Node.js、Express 和 MongoDB 为应用场景来举例，首先在服务器端，Node.js 从 MongoDB 中读取数据；Express 再用模板（Template）和数据渲染在一起，并形成 HTML 页面；然后服务器再把这个 HTML 文件发给客户端（浏览器），供客户端展示。这个过程如图 11-7 所示。

这种单向数据绑定的模式主要用在以数据库为驱动的网站，它大部分是在服务器端完成的，浏览器只是用来渲染 HTML 页面和一些简单的 JavaScript 交互。

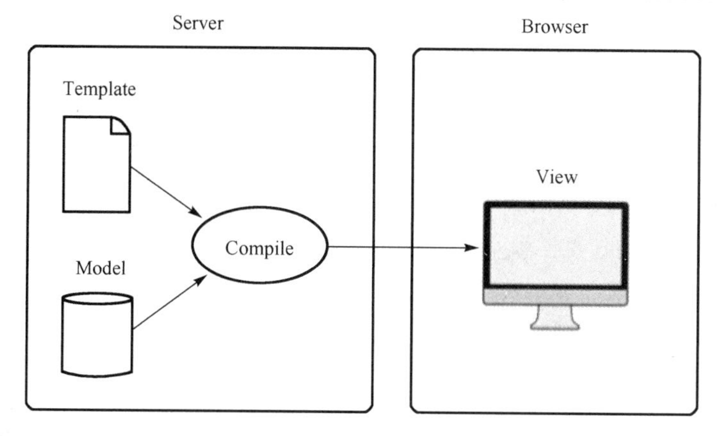

图 11-7 单项数据绑定模式，模板与数据在服务器端完成渲染后发送给浏览器

相比单向数据绑定，双向数据绑定的处理就不同了。首先，模板（Template）和数据由服务器单独分发给浏览器，浏览器自身将模板构建成视图（View），把数据构建成模型（Model）。这样一来，视图是在浏览器端实时创建的，而且视图与模型绑定在一起。如果模型中的数据发生变化，视图也会实时地随之改变；反过来，当视图发生变化时（如用户输入了文字），模型中的数据也会随之而变。这就是所谓的双向数据绑定，其原理如图 11-8 所示。

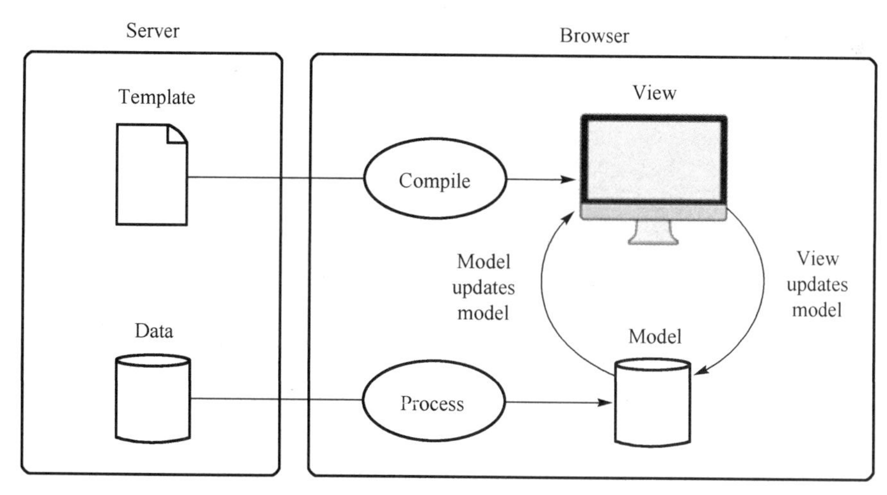

图 11-8 双向数据绑定模式，视图与模型在浏览器端完成渲染

AngularJS 的数据绑定（Data Binding）用来同步数据与 HTML 的视图元素，因为这个同步是实时的，而且是自动完成的，所以不用担心数据的来源和视图的更新。任何时候，只要 HTML 页面元素发生了变化，它所对应的 Model 数据都会自动更新；反之，只要 Model 数据发生了变化，它所对应的 HTM 视图元素也会随之而变。这个联动的变化，就是 AngularJS 的双向数据绑定。

AngularJS 的数据绑定，离不开$scope 的应用。

11.6 $scope 用法

$scope 的字面意思是“作用域”，它是 AngularJS 的一个对象，其应用非常灵活，可以在$scope 上声明任何类型的数据。$scope 不仅仅支持任何数据类型，还可以为$scope 声明对象，并且在 HTML 的视图元素上展示对象的属性。

$scope 包含了渲染视图时所需的功能和数据，它是所有视图的唯一数据源头，我们可以把$scope 理解成视图模型（View Model）。

AngualrJS 是一个典型的 MVC 前端框架，MVC 框架很好地解决了 Model-View-Controller 三者之间的关系。$scope 是 Controller 与 View 的桥梁和纽带，说得更具体点，Controller 就是用 JavaScript 编写的代码，而 View 是 HTML 页面上元素或标签，如<input>。

既然$scope 是一个对象，对象都有属性和方法，$scope 也不例外，它不仅可以绑定属性，也可以绑定对象的方法。

例如，在 Controller 上声明一个对象 person，再为 person 对象声明一个属性，属性名为 name，代码如下。

```
function MyController($scope)
{
    $scope.person =
    {
        name: "张三"
    }
};
```

以下是完整的代码清单。

```
<!DOCTYPE html>
<html ng-app >
<head>
    <title>Hello World in AngularJS</title>
    <script src="http://apps.bdimg.com/libs/angular.js/1.2.6/
            angular.min.js">
    </script>
</head>
<body>
    <div ng-controller= 'MyController'>
        <p> person 对象是: {{ person }}</p>
        <p> person 对象的属性 name 是: {{ person.name }}</p>
```

```
    </div>
    <script >
    function MyController($scope)
    {
        $scope.person =
        {
        name: "张三"
        }
    };
    </script>
</body>
</html>
```

在拥有“ng-controller='MyController”标签内，每个元素都可以访问 person 对象，这是因为定义在$scope 上的对象，可以被 HTML 上的标签所访问。我们可以很方便地在 HTML 页面上引用 person 或 person.name。

在浏览器中打开这个 HTML 文件，显示结果如图 11-9 所示。

person对象是：{"name":"张三"}

person对象的属性name是：张三

图 11-9　显示结果

正如我们所期望看到的，以上这段代码通过$scope 对象，实现了从模型（Model）到视图（HTML 元素）的对象传递。

如果是初次接触 AngularJS 代码，不经意间会出现莫名其妙的错误，让人无所适从。不妨模拟一个报错的场景，将 AngularJS 的版本从当前的 1.2.6 改为 1.4.6，代码如下。

```
<script src="http://apps.bdimg.com/libs/angular.js/1.4.6/angular.min.js">
```

此时，在浏览器中打开这个 HTML 文件，结果出现异常，如图 11-10 所示。

person对象是：{{ person }}

person对象的属性name是：{{ person.name }}

图 11-10　结果出现异常

一旦出现了花括号{{person}}，这说明 AngularJS 没有起到作用。之所以报错，是因为 AngularJS 的版本造成的。改动下代码，先创建一个 Module，在 Module 之上创建一个控制器，代码如下。

```
var app = angular.module('myAPP',[]);  //先创建一个 Module
app.controller('MyController',function($scope)
{
    $scope.person =
    {
        name: "张三"
    }
}
);
```

如果所引用的 AngularJS 版本是 1.4.6，对应的代码示例如下。

```
<!DOCTYPE html>
<html ng-app ='myAPP'>
<head>
    <title>Hello World in AngularJS</title>
     <script src="http://apps.bdimg.com/libs/angular.js/1.4.6/
                  angular.min.js">
    </script>
</head>
<body>
    <div ng-controller= 'MyController'>
        <h1> person 对象是:  {{ person }}</h1>
        <h2>person 对象的属性 name 是: {{ person.name }}</h2>
    </div>
    <script >
        var app = angular.module('myAPP',[]);
        app.controller('MyController',function($scope)
        {
            $scope.person =
            {
                name: "张三"
            }
        }
    );
    </script>
</body>
</html>
```

在浏览器中打开这个 HTML 文件，可以看到运行结果正常。

11.7 小结

本章首先讲述了 AngularJS 的两大特性——单页面应用和双向数据绑定，接着讲述了 AngularJS 的常用指令。

AngularJS 开创了一个以"ng-"打头的指令集，它的指令集非常丰富，本章主要讲述了 AngularJS 的常用的指令。此外，AngularJS 的服务也是一个非常重要的概念，尤其是$scope，需要做到灵活运用。AngularJS 有一套丰富的指令集，需要时可参考 AngularJS 的官网（http://angularjs.org）。

后端和前端都已经悉数登场，但所有的数据都应该有个存储之地，接下来我们开始步入强大的数据库世界——MongoDB。

第 12 章 MongoDB——文档数据库

12.1 MongoDB 概述

12.1.1 关于 MongoDB

注：MongoDB 官方网站为https://www.mongodb.com。

几乎所有的 Web 应用都离不开数据，而持久性数据都是存储在数据库中，数据库有两种类型：一种是关系型数据库，如 Oracle、MySQL、SQLServer 等；另一种是 NoSQL 数据库，MongoDB 便是 NoSQL 数据库中的佼佼者。

NoSQL 是 Not Only SQL 的缩写，它指的是非关系型数据库，它是以键值（Key/Value）对形式存在的，即我们所熟悉的 JSON 数据形式。

随着互联网 Web 2.0 网站的兴起，在应对超大规模数据量和高并发的动态网站时，传统的关系型数据库显得力不从心，这是因为关系型数据库的结构缺乏灵活性。而 NoSQL 数据库便是为应对这些问题而出现的。

在对数据高并发读写和对海量数据的存储方面，NoSQL 数据库具有明显的的优势。

12.1.2 MongoDB 的历史

MongoDB 的名称取自 humongous（巨大的）这一词的中间几个字母，由此可见，MongoDB 的宗旨在于处理海量数据方面。它是一个可扩展的、高性能的下一代数据库，由 C++语言编写，旨在为 Web 应用提供可扩展的高性能数据存储解决方案。

MongoDB是由10gen公司于2007年主导开发的，最初是想把MongoDB作为PaaS（Platform as a Service）平台的一个组件来提供服务。该公司随后于 2009 年将 MongoDB 转向了开源开发模式，而这套数据库也由此成为众多知名网站及服务的后端软件，其中包括 Craigslist、Foursquare、eBay 等知名公司。

源于 MongoDB 的巨大成功，10gen 公司的名字遂改为 MongoDB 公司。一句话概况，MongoDB 是一个开源的数据库，由 MongoDB 公司提供维护和运营。

12.1.3 MongoDB 的优势

从名字也能看出来，MongoDB 是一种数据库（Data Base）。如果做一个简单的应用，有一个 MySQL 就够了；如果用到复杂的数据库，会想到 Oracle。这么说来，MongoDB 有什么特别的地方呢？

说起 MongoDB 的强大，就要看它的独特之处。MongoDB 是一个面向文档（Document-Oriented）的数据库，而不是关系型数据库，不采用关系模型主要是为了获得更好的扩展性。与关系型数据库相比，面向文档的数据库不再有行（Row）的概念，取而代之的是更为灵活的文档（Document）模型。通过在文档中嵌入文档和数组，只需要一条记录就可以表现出复杂的层次关系。MongoDB 的灵活之处表现在，它的文档结构采用的是 JSON 数据格式，文档的键（Key）和值（Value）不再是固定的类型和大小，由于没有固定的模式，可以根据需要随时添加或删除字段。一句话总结 MongoDB 的优势就是，当数据层级繁杂，且数据记录规则时，选用 MongoDB 是最好的利器。

12.2 MongoDB 的安装与应用

12.2.1 MongoDB 的安装

MongoDB 支持 Windows、Mac OS 和 Linux 三个主流的操作系统，可直接从它的官网上下载安装包（http://www.mongodb.org/downloads ）。根据操作系统，找到对应的安装包，按照指引一步一步地安装即可。

在安装完成之后，需要验证 MongoDB 的安装是否成功，验证的方法是在终端窗口运行：

```
mongod -version
db version v3.4.0
git version: f4240c60f005be757399042dc12f6addbc3170c1
OpenSSL version: OpenSSL 1.0.2j  26 Sep 2016
allocator: system
modules: none
build environment:
    distarch: x86_64
    target_arch: x86_64
```

当出现以上数据库版本（db version v3.4.0）信息时，说明 MongoDB 安装成功了。

12.2.2 启动 MongoDB

如果应用程序要访问数据库，需要在另外一个终端窗口启动 MongoDB 数据库服务。在 Mac OS 下，启动 MongoDB 的服务指令是“sudo mongod”。sudo 对于 Mac OS 和 Linux 系统来说，意思是用管理员身份启动服务。注意：这里是 sudo mongod，而不是 sudo mongodb。

启动数据库服务，有以下几种方式。

（1）Windows 系统：以管理员身份打开终端窗口，进入到 mongod 所在的文件路径，直接运行 mongod，这是因为 mongod 是一个可执行文件。mongod 在没有参数情况下会使用默认的数据文件，Windows 系统中为“C:\data\db”。如果这个数据文件不存在或者不可写，启动数据库会失败，因此，在启动 MongoDB 前，要先创建数据文件，创建指令是“mkdir -p /data/dab/”，并确保对该文件有写的权限。当然，可以通过 dbpath 设置新的数据库文件。

（2）Mac OS 系统：相对较简单，通过 sudo（管理员身份）运行 mongod 即可。

终止 mongod 的运行，只需在终端窗口按下组合键 Ctrl+C 即可。

12.2.3 MongoDB 的可视化管理

用过 MySQL 数据库的都知道，MySQL 是有可视化工具的。那么 MongoDB 有没有相应的可视化工具呢？这里，就来给大家推荐一款 MongoDB 的可视化工具——Robomongo。

Robomongo 的下载地址为https://robomongo.org/download，它的安装很简单，有对应的 Windows、Mac OS 和 Linux 三种版本，根据系统选择所需要的安装软件。

Robomongo 的使用方法较为简单，它所起的作用是把命令换成了可视化操作。在连接数据库前，需要先启动数据库。还记得启动数据库的指令吧，以管理员身份运行 mongod。

在默认情况下，MongoDB 的启动端口是 27017。在 Robomongo 中，可以直接运行脚本，对数据库进行增删改查。这里以 Mac 版 Robomongo 为例介绍 Robomongo 操作数据库的方法：运行 Robomongo，选择“File→Connect…”，弹出 MongoDB Connections 窗口，如图 12-1 所示。

单击“Connect”按钮，连接 MongoDB Server，如图 12-2 所示。

MongoDB 的本地连接地址是 localhost，默认的端口是 27017。这时，测试一下本地数据库能否正常访问，单击“Test”按钮，如果能够正常访问的话，会弹出如图 12-3 所示的窗口。

在图 12-2 所示的窗口，单击“Save”按钮保存当前的设置，返回到数据库连接页面。单击“Create”链接新创建的数据库连接，选择“New Connection”并单击鼠标右键，弹出如图 12-4 所示的窗口。

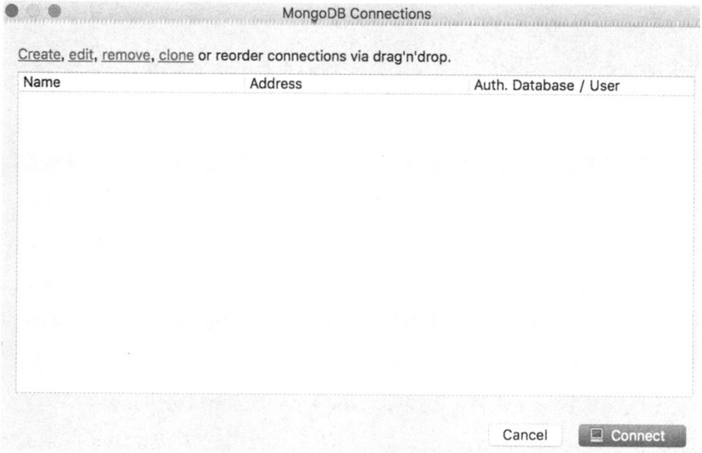

图 12-1 Robomongo 操作窗口

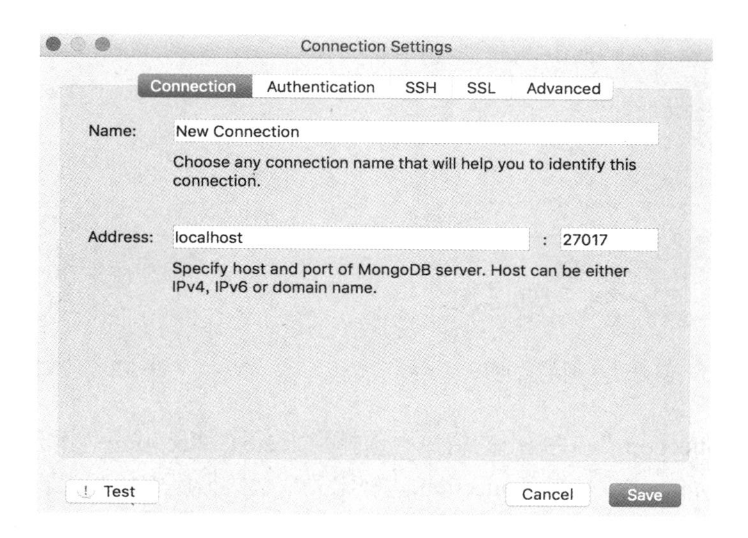

图 12-2 通过 Robomongo 连接数据库

图 12-3 Robomongo 新创建一个数据库连接

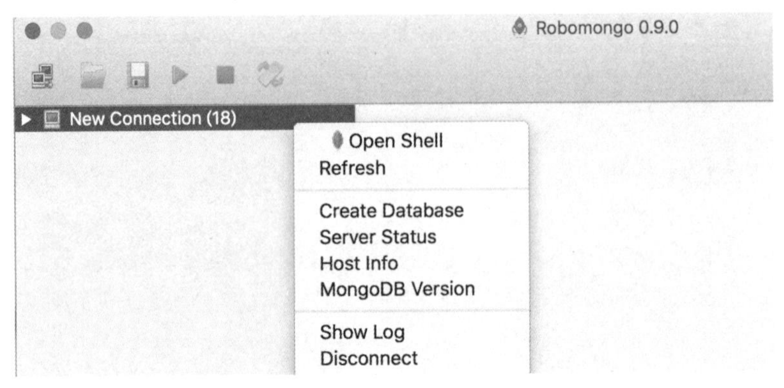

图 12-4　鼠标右键单击 New Connection 出现的选项

选择“Create Database”选项，弹出如图 12-5 所示的窗口。

创建一个数据库文件，如 mytestdb，展开 mytestdb，如图 12-6 所示。

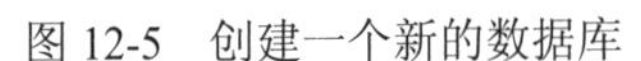
图 12-5　创建一个新的数据库

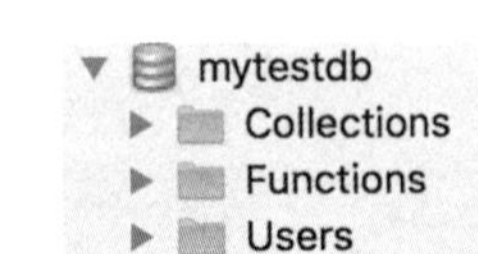

图 12-6　数据库的基本属性

右键单击“Collections”，在弹出的窗口中选择“Create Collection…”并创建一个 Collection（如 users）。一个 MongoDB 中的 Collection 就好比关系型数据库中的一张表。

通过可视化工具操作数据库，与终端指令的操作方式极为相似，首先连接数据库，创建数据库文件，创建 Collection，然后插入 Document。

右键选中所创建的 Collection（如 users），并插入 Document。MongoDB 中的 Document 类似于关系型数据库中的一条记录（Record）。MongoDB 中的 Document 是 JSON 数据格式，把以下 JSON 数据复制到文档并插入窗口中。

```
{
    "name"   : "susan",
    "age"    : 18,
    "gender" : "female"
}
```

Document 插入成功后，再单击 Collection（如 users），在右侧窗口中出现以下内容，如图 12-7 所示。

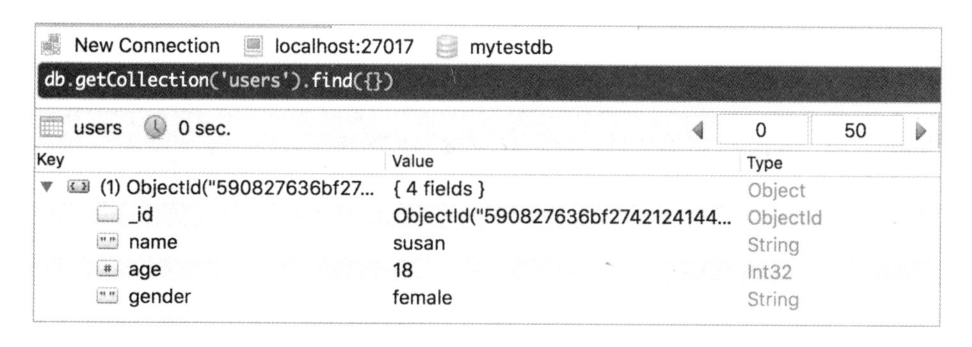

图 12-7 MongoDB 的 Collection 列表

我们注意到，通过 Robomongo 可视化工具插入的 Document 正是我们期望的结果。唯一的区别在于：在插入每一个 Document 后，会自动生成一个_id 键，它所对应的 ObjectId 是 MongoDB 自动生成的。

在 Robomongo 中，也可以运行类似 SQL 的语句进行增删改查。例如，查找某个 Collection 中的所有 Document，查询方法为：

```
db.getCollection('users').find({})
```

通过可视化工具操作数据库就是这么简单，我们可以很轻松地构建一个模拟数据，即使需要再多的数据，也可以快速地完成。

12.3 用 mongoose 操作 MongoDB

12.3.1 mongoose 概述

在 Node.js 开发中，可通过 mongoose 来访问 MongoDB。使用 mongoose 可以让我们更好地使用 MongoDB 数据库，而不需要写繁琐的业务逻辑。

mongoose 是在 Node.js 环境中操作 MongoDB 数据库的一种便捷的封装，是一种对象模型工具。mongoose 将 MongoDB 数据库中的数据转换为 JavaScript 对象，以供在应用层面中调用。

注意，MongoDB 才是真正的数据存储的容器，MongoDB 中存储的数据格式是 BSON，它是一种类 JSON 的二进制文件，直接操作二进制文件并不直观，所以才出现了基于 MongoDB 的封装，这便是 mongoose。mongoose 提供的是类似 JavaScript 的接口，数据格式类似 JSON，通过 mongoose 操作数据库，简便又快捷。

12.3.2 初识 mongoose

初次接触 mongoose，会遇到以下三个概念：Schema、Model 和 Entity，先来简单介绍一下。

- Schema：一种以文件形式存储的数据库模型骨架，不具备操作数据库的能力。
- Model：由 Schema 发布生成的模型，具有抽象的属性和行为，可以直接操作数据库。
- Entity：由 Model 创建的实体，它可以直接操作数据库。

我们需要弄清楚三者的关系，简单来说就是：Schema 生成 Model，再由 Model 创建 Entity。Model 和 Entity 都可以直接操作数据库，而 Model 比 Entity 更具操作性。尽管有 Entity 的存在，但很少用到它，有 Model 就够了。

12.3.3 mongoose 的安装

在使用 mongoose 前，需要安装 Node.js 和 MongoDB。这两个的安装在前面章节已经介绍过，这里不再赘述。

安装 mongoose 的方法很简单，可以通过命令来安装。打开终端窗口，执行以下命令：

```
npm install mongoose
```

mongoose 安装成功后，就可以通过“require('mongoose')”来引入了。

12.3.4 mongoose 连接数据库

创建一个 db.js 文件，代码如下。

```
var mongoose = require('mongoose'),
DB_URL = 'mongodb://localhost:27017/mymongoosedb';
mongoose.connect(DB_URL);   //连接数据库

//数据库连接成功
mongoose.connection.on('connected', function () {
   console.log('Mongoose connection open to ' + DB_URL);
});

//数据库连接异常
mongoose.connection.on('error',function (err) {
   console.log('Mongoose connection error: ' + err);
});

//断开数据库的连接
mongoose.connection.on('disconnected', function () {
```

```
    console.log('Mongoose connection disconnected');
});
module.exports = mongoose;
```

在终端窗口，进入到该该工程所在路径，启动 Node 服务，运行命令：

```
node db.js
```

正常情况下，输出结果如下。

```
Mongoose connection open to mongodb://localhost:27017/mymongoosedb
```

从代码中可以看出，在连接 MongoDB 的过程中，监听了几个事件，并且成功地执行了 connected 事件，这表示数据库连接成功。数据库连接成功后，接下来就可以通过 mongoose 访问 MongoDB 了。

12.3.5 Schema

只要用到 mongoose 的地方，一切都要从 Schema 开始。Schema 是一种数据模式，可以理解为关系型数据库中的表结构的定义。每个 Schema 会映射到 MongoDB 中的一个给定的集合（Collection），Schema 本身并不具备操作数据库的能力，也就是说，通过 Schema 是无法对数据库进行增删改查等操作的。

我们先来定义一个 Schema，代码如下。

```
//user.js
var mongoose = require('mongoose');
var Schema = mongoose.Schema;
var UserSchema = new Schema({
    username : { type: String },
    userpwd: {type: String},
    userage: {type: Number},
    logindate : { type: Date}
});
```

代码解读

```
var mongoose = require('mongoose');
var Schema = mongoose.Schema;
```

mongoose 是一个 Node.js 的 Model，可以通过 require 方法引入 mongoose。

```
var UserSchema = new Schema( );  //UserSchema 是我们创建的 Schema 实例
```

Schema 定义之后，接下来通过 Schema 生成 Model。

12.3.6 Model 及其操作

在 mongoose 中，所有的数据都是一种模型（Model），每个模型都映射到 MongoDB 的一个集合，并且定义了该集合文件结构。

Model 是由 Schema 生成的模型。有了 Model，就可以对数据库进行操作。在 user.js 中，添加一行代码，即可生成并导出一个 User 的 Model。在 user.js 文件的最后，添加一行代码。

```
//user.js
module.exports = mongoose.model('User',UserSchema);
```

这里的 User 就是一个 Model，通过 User 可以很方便地操作数据库。

12.3.7 插入

接下来，创建一个 test.js 文件，用来演示对数据库进行增删改查操作，代码如下。

```
//test.js
var User = require("./user.js");
var user = new User({
    username : 'susan',
    userpwd: '1234',
    userage: 18,
    logindate : new Date()
});
//插入一个文档
user.save(function (err, res)
{
    if (err)
    {
        console.log("Error:" + err);
    }
    else
    {
        console.log("Res:" + res);
    }
});
```

怎么判断这个文档是否插入成功了呢？有两种方法：一种是查看 log；另一种方法是通过 Robomongo 数据库管理工具查看。

12.3.8 查询

通过查询方法 find()，查看所输出的结果是不是刚才插入的文档，具体代码如下。

```
//test.js
User.find(function(err,user)
{
    if(err) console.log(err);
    console.log(user);
});
```

启动 Node 服务，在终端窗口运行命令“node db.js”，终端窗口输出的 log 信息如下。

```
{__v: 0,
    username: 'susan',
    userpwd: '1234',
    userage: 18,
    logindate: 2017-06-06T07:41:11.957Z,
    _id: 59365c970c31cc04fd65a522 }
```

通过 Robomongo 数据库管理工具查看数据库。选择数据库 mymongoosedb，打开它的“collections→users”，如图 12-8 所示。

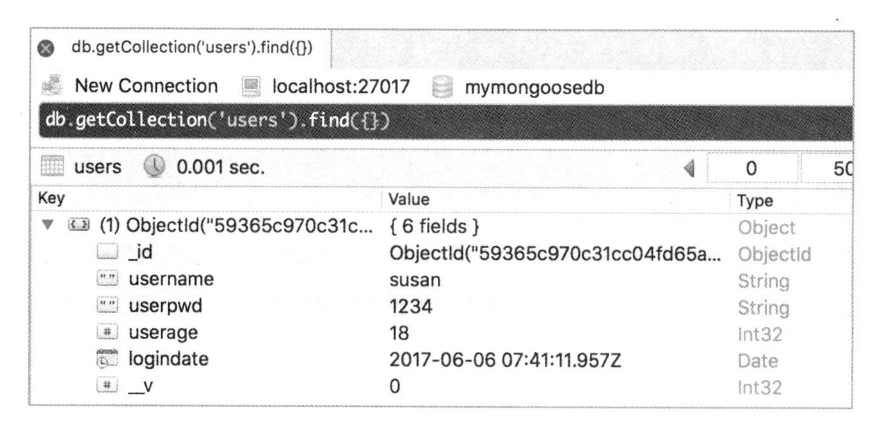

图 12-8　通过 Robomongo 可视化工具查看数据库

从图 12-8 中可以看出，文档插入确实成功了。

小贴士：

要想访问数据库，必须先启动数据库。启动的方法为：新启一个窗口，以管理员身份执行 mongod。以 Mac OS 系统为例，在终端窗口，执行命令“sudo mongod”，如果在未启动数据库的情况下，启动 Node 服务，将出现以下信息。

```
Mongoose connection disconnected
Mongoose connection error: MongoError: failed to connect to server
        [localhost:27017] on first connect [MongoError: connect
```

```
        ECONNREFUSED 127.0.0.1:27017]
```

这说明，数据库连接失败，失败的原因是没有启动数据库服务。

12.3.9 更新

文档更新命令如下。

```
Model.update(conditions, update, [options], [callback])
```

比如，修改某一个用户名的密码，代码如下。

```
//test.js
var User = require("./user.js");
var wherestr = {'username' : 'susan'};
var updatestr = {'userpwd': '5678'};
User.update(wherestr, updatestr, function(err, res)
{
    if (err)
    {
        console.log("Error:" + err);
    }
    else
    {
        console.log("Res:" + res);
    }
})
```

启动 Node 服务，输出的 log 信息“Res:[object Object]”，从中可以看出，文档更新确实成功了。为了更加直观，可以再通过 find 方法查看数据库的详细文档对象。

```
User.find(function(err,user)
{
    if(err) console.log(err);
    console.log(user);
});
```

运行结果，输出 log 信息如下。

```
[ { _id: 593667e815860905cc8eacac,
    username: 'susan',
    userpwd: '5678',
    userage: 18,
    logindate: 2017-06-06T08:29:28.649Z,
    __v: 0 } ]
```

这说明，用户名为 susan 的密码已成功更新为“5678”。

12.3.10　删除

文档删除的命令格式如下。

```
Model.remove(conditions, [callback])
```

比如，删除一条满足指定条件的记录，代码如下。

```
//test3.js
var User = require("./user.js");
function del( )
{
    var wherestr = {'username' : 'susan'};
    User.remove(wherestr, function(err, res)
    {
        if (err)
        {
            console.log("Error:" + err);
        }
        else
        {
            console.log("Res:" + res);
        }
    })
}
del();   //调用删除方法
```

运行结果，输出的 log 信息如下。

```
Res:{"n":1,"ok":1}
```

从中可以看出，成功地删除了一条记录。

需要说明的是：以上的 test.js 文件是无法单独运行的，必须先启动数据库服务。为此，我们在数据库连接成功的方法中，调用以上 test.js，从而实现了增删改查的演示。在启动服务时，我们只需要执行 node db.js。

以下是完整的代码，供参考。

```
//db.js
var mongoose = require('mongoose'),
DB_URL = 'mongodb://localhost:27017/mymongoosedb';
mongoose.connect(DB_URL);                           //连接数据库
```

```
//数据库连接成功
mongoose.connection.on('connected', function ()
{
    console.log('Mongoose connection open to ' + DB_URL);
    //require('./test.js');
    //require('./test2.js');
    require('./test3.js');
});
//数据库连接异常
mongoose.connection.on('error',function (err)
{
    console.log('Mongoose connection error: ' + err);
});

//断开数据库的连接
mongoose.connection.on('disconnected', function ()
{
    console.log('Mongoose connection disconnected');
});
module.exports = mongoose;
```

12.4 小结

通过以上示例，我们对 MongoDB 有了一个基础的了解，通过 mongoose 操作 MongoDB 数据库，既简洁又直观，可以轻松地实现对数据库的增删改查。

MongoDB、Express、AngularJS 和 Node.js 这四部分不是独立的，通过 MEAN 全栈技术，它们构建了一个高效的移动互联网开发平台。

MEAN 全栈技术的基础知识，至此告一段落。接下来我们把这些知识应用于项目实践之中，体验 MEAN 全栈技术带来的便捷！

第 13 章 MEAN 全栈技术的实现

13.1 应用场景

对于一个互联网产品来说，注册、登录是最基础的模块。即使不用 MEAN 框架，哪怕是单纯的 Node.js 也可以实现登录、注册。用 MEAN 框架的好处在于，架构的层次感会很鲜明，代码量也会随之减少很多。

这个实例讲述的是如何通过 MEAN 全栈技术实现登录和注册，如图 13-1 所示。

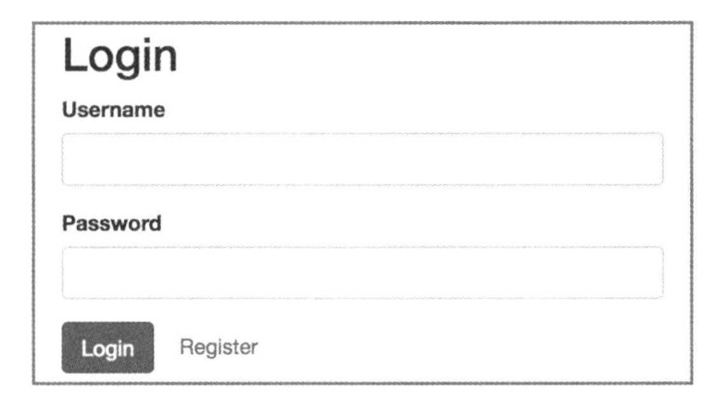

图 13-1　登录注册页面

13.2 安装 Express

创建一个基于 Express 的工程，首先确保已经安装了 Express。Express 需要全局安装，安装方法为：在终端窗口，执行以下命令。

```
npm install -g express -generator
```

安装成功后，会自动添加到系统路径中。以 Mac OS 为例，Express 自动安装在“/usr/local/lib”中。

13.3 创建 Express 工程

打开终端窗口，进入到工程所在路径，执行命令：

```
express  --view=ejs  login
```

需要注意的是，创建 Express 工程时，默认的视图模板引擎是 Jade。在这个实例中，我们选用 EJS 模板引擎，之所以选择 EJS 而没有用 Jade，主要是考虑到 EJS 的应用更为广泛，受众面更广一些。创建过程如下。

```
create : login
   create : login/package.json
   create : login/app.js
   create : login/public
   create : login/public/images
   create : login/public/javascripts
   create : login/routes
   create : login/routes/index.js
   create : login/routes/users.js
   create : login/public/stylesheets
   create : login/public/stylesheets/style.css
   create : login/views
   create : login/views/index.ejs
   create : login/views/error.ejs
   create : login/bin
   create : login/bin/www
   install dependencies:
     $ cd login && npm install

   run the app:
   $ DEBUG=login:* npm start
```

该命令一旦执行成功，会自动创建多个文件，目录结构如图 13-2 所示。

终端窗口中有这样的两行信息，如下所示。

```
$ cd login && npm install

   run the app:
     $ DEBUG=login:* npm start
```

我们还要做两件事：

图 13-2 自动创建的文件目录结构

- 在当前路径下，执行“cd login”，通过“npm install”安装所依赖的模块。
- 运行这个应用实例，其指令是“npm start”。

在运行“npm install”之前，先来看下工程中的 package.json 文件，如下所示。

```
{
   "name": "login",
   "version": "0.0.0",
   "private": true,
   "scripts": {
   "start": "node ./bin/www"
  },
  "dependencies": {
   "body-parser": "~1.15.2",
   "cookie-parser": "~1.4.3",
   "debug": "~2.2.0",
   "ejs": "~2.5.2",
   "express": "~4.14.0",
   "morgan": "~1.7.0",
   "serve-favicon": "~2.3.0"
  }
}
```

说明：npm install 命令用来把 package.json 中所依赖的模块全部加载到工程中。

cd login && npm install 命令也可以分两步完成。

- 先执行“cd login”，进入到 login。

- 再执行“npm install”，安装工程所需要的依赖模块。

成功执行 npm install 后，在工程中会自动安装一个 node_modules 文件夹，用来存放那些依赖的模块。至此，我们已经创建了一个完整的 Express 工程，接下来运行一下，打开终端窗口，进入该工程所在的路径，执行命令：

```
npm  start
```

在浏览器的地址栏中输入“http://localhost:3000”，刷新浏览器，出现 Express 欢迎信息。

```
Express
Welcome to Express
```

在浏览器的地址栏中输入“http://localhost:3000/users”，刷新浏览器后，出现以下信息。

```
respond with a resource
```

这意味着，浏览器输入不同的 URL 地址，所显示的内容是不同的。不同的 URL 代表不同的请求，不同的 URL 由 Express 来分发。

我们先来解读下这个工程，app.js 文件至关重要，代码如下。

```
var express = require('express');
var path = require('path');
var favicon = require('serve-favicon');
var logger = require('morgan');
var cookieParser = require('cookie-parser');
var bodyParser = require('body-parser');

//加载路由控制器
var index = require('./routes/index');
var users = require('./routes/users');

var app = express();

//view engine setup
app.set('views', path.join(__dirname, 'views'));
app.set('view engine', 'ejs');

//uncomment after placing your favicon in /public
//app.use(favicon(path.join(__dirname, 'public', 'favicon.ico')));
app.use(logger('dev'));
app.use(bodyParser.json());
app.use(bodyParser.urlencoded({ extended: false }));
app.use(cookieParser());
```

```
app.use(express.static(path.join(__dirname, 'public')));

//将路由控制器设为中间件
app.use('/', index);
app.use('/users', users);

//catch 404 and forward to error handler
app.use(function(req, res, next) {
    var err = new Error('Not Found');
    err.status = 404;
    next(err);
});

//error handler
app.use(function(err, req, res, next)
{
    //set locals, only providing error in development
    res.locals.message = err.message;
    res.locals.error = req.app.get('env') === 'development' ? err : {};

    //render the error page
    res.status(err.status || 500);
    res.render('error');
});
```

app.use(function(err, req, res, next)这行代码的作用是调用中间件（Middle Ware）。每个中间件都有三个参数：

- req：包括所有的请求对象，如 URL、path 等。
- res：后台服务器返回给前端的响应对象。
- next：下一个中间件，是否执行下一个中间件取决于是否调用 next()方法。

为了对路由进行统一管理，这里创建了两个路由控制器：index.js 和 users.js。每个路由控制器就是一个文件，这就好像一个模块就是一个文件一样。

index.js 文件的代码如下。

```
//index.js
var express = require('express');
var router = express.Router();

/* GET home page. */
router.get('/', function(req, res, next)
```

```
{
    res.render('index', { title: 'Express' });
});
module.exports = router;
```

代码解读

在上述代码中，出现了路径相关的描述——__dirname。路由与路径是密切相关的，如果路径设置不当，就找不到对应的页面，从而出现404的报错。需要注意的是：__dirname前面有两个短下划线。__dirname 会被解析为正在执行的脚本所在的目录，如果脚本放在"/home/route/app.js"中，则__dirname会被解析为"/home/route"。不管什么时候，这个全局变量用起来都很方便。如果不这么做，在不同的目录中运行这个程序时，有可能出现莫名其妙的错误。

我们先来看下根目录的路由，当在浏览器输入"http://localhost:3000"时，所对应的路由URL是根目录"/"，该路由对应的页面是index.ejs，代码如下。

```
//index.ejs
<!DOCTYPE html>
<html>
    <head>
        <title><%= title %></title>
        <link rel='stylesheet' href='/stylesheets/style.css' />
    </head>
    <body>
        <h1><%= title %></h1>
        <p>Welcome to <%= title %></p>
    </body>
</html>
```

当在浏览器输入"http://localhost:3000/users"时，所对应的路由URL是根目录下的"/users"。当客户端发出这个URL时，服务器所返回的内容取决于user.js文件的处理。

```
//users.js 代码
var express = require('express');
var router = express.Router();
/* GET users listing. */
router.get('/', function(req, res, next)
{
    res.send('respond with a resource');
});
module.exports = router;
```

需要说明一点，users.js 文件中的 router.get 函数内的 URL 是“/”，乍看上去也是根目录，其实不然，因为这个“/”是在 users.js 的 router 中。我们在 app.js 文件中已经设置了 users 控制器所在的路径“app.use('/users',users);”，这就是说，只要是 users.js 控制器中的 URL，都在 users 路径之下。通过路由控制器，在一级请求路径下做了区分，通俗点儿说，在一级路径下分叉了。

再来看下http://localhost:3000/users请求，后台返回的是:

```
res.send('respond with a resource');
```

显然，这是一段文字，后台通过 res.send 返回文字，而视图是通过 res.render()来渲染的。

至此，一个基于 Express 框架的 Node.js 工程已经创建成功了。通过它的 package.json 文件可以看出，仅仅依赖 Express 和 EJS 就可以完成一个基础的 Web 应用，我们可以照猫画虎，在这个工程上，稍加代码就可以实现登录、注册页面。

接下来我们开始添加登录、注册页面，在动手之前，我们先来梳理下构建的思路。通常，构建 Web 应用有两个套路：一种是前端驱动，另一种是后端驱动。

前端驱动是指，先构建 HTML 静态页面，再加上路由；可以动态访问这些页面，后台能够获取到前端的输入；这一切，因为没有后台提供数据，需要通过 console.log 显示出来。

后端驱动是指，先设计后台数据库，后台给前端提供 RESTful API，因为这时候还没有前端，需要借助前端工具模拟 GET/POST 请求。

以上两种方法难以给出优劣之分，在项目实践中，根据具体情况而定，作为一名全栈工程师，可以把自己最擅长的技术作为切入点。

在这个实例中，我们采用前端驱动的方式来一步步完成登录、注册的页面及其功能。

13.4　构建登录页面

13.4.1　构建登录的静态页面

创建一个登录静态页面的常规做法是创建一个 HTML 文件，而在 Express 工程中，需要创建一个符合模板引擎的页面，而不是单纯的 HTML 文件。这个工程加载的是 EJS 模板引擎，对应地，应该创建一个以 EJS 为后缀的文件。在 Sublime Text 编辑中，一个带有 HTML 标签的 EJS 文件与 HTML 风格极为相似。如果不管动态数据加载的话，在 Express 工程中，EJS 文件就等同于 HTML 文件。

先来看下登录页面的效果，在浏览器输入“http://localhost:3000/login”时，显示的页面如图 13-3所示。

Login

Username

Password

Login　Register

图 13-3　登录、注册页面

创建 login.ejs 文件的方法：在 Sublime Text 编辑器中，打开当前的 login 工程，在工程的 views 目录下创建一个 login.ejs 文件，如图 13-4 所示。

login
bin
controllers
models
node_modules
public
routes
views
error.ejs
index.ejs
login.ejs
register.ejs
app.js
package.json

图 13-4　在指定的路径下，创建 login.ejs 文件

编写 login.ejs 文件，代码如下。

```
<!DOCTYPE html>
<html>
<head>
    <meta charset="utf-8" />
    <title>Login</title>
    <link rel="stylesheet" href="//maxcdn.bootstrapcdn.com/bootstrap/
                                        3.3.5/css/bootstrap.min.css" />
    <style type="text/css">
```

```
        body {
            padding-top: 100px;
        }
        .form-container {
            width: 400px;
            margin: auto;
        }
        .credits {
            border-top: 1px solid #ddd;
            margin-top: 40px;
            padding-top: 20px;
        }
    </style>
</head>
<body>
<div class="form-container">
    <h2>Login</h2>
        <form method="post">
        <div class="form-group">
         <label for="username">Username</label>
         <input type="text" name="username" id="username" class="form-control"/>
        </div>
        <div class="form-group">
            <label for="password">Password</label>
            <input type="password" name="password" id="password" class=
                                                         "form-control" />
        </div>
        <div class="form-group">
            <button type="submit" class="btn btn-primary">Login</button>
            <a href="/register" class="btn btn-link">Register</a>
        </div>
    </form>
</div>
    <div class="credits text-center">
     </div>
</body>
</html>
```

为便于阅读代码时一览无余，在这个实例中，我们把自定义的 CSS 与 HTML 融合在了一起，在真正的项目开发中，CSS 与 HTML 要区分开来，方法很简单，把 CSS 放在一个单独的文件中，在 HTML 文件中引用这个 CSS 文件即可。

我们创建了一个静态的 login.ejs 文件，怎么在浏览器中访问这个 EJS 文件呢？单纯地单击这个 EJS 文件，浏览器是不能识别的；反过来，如果是一个单纯的 HTML 文件，可以在浏览器直接打开。这是因为 EJS 文件只有经过 EJS 模板引擎渲染后，才能转化为标准的 HTML 文件。

为了能够访问这个 login.ejs 页面，接下来需要为它添加路由。

13.4.2 构建路由

在现有工程上添加一个路由，可以参考工程自带的 inde.js 结构。在工程的 routes 目录下，添加一个 login.js 文件，如图 13-5 所示。

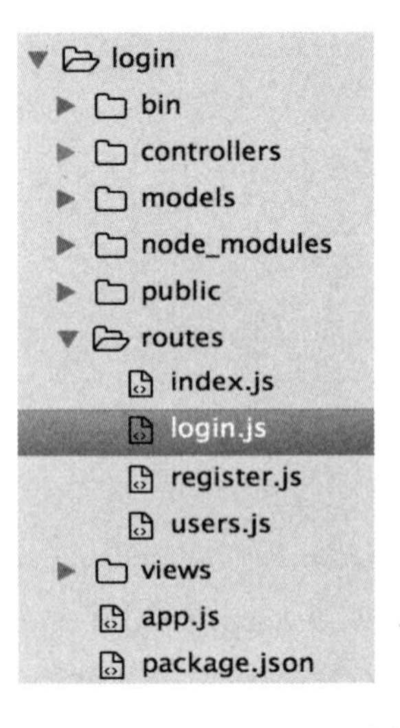

图 13-5 routes 的工程目录结构

编写 login.js 路由文件，代码如下。

```
//login routing

var express = require('express');
var router = express.Router();
var request = require('request');

router.get('/', function (req, res) {
   res.render('login'); //指向 login.ejs 文件
});

router.post('/', function (req, res) {
```

```
    console.log(req.body);
});

module.exports = router;
```

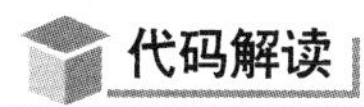

用户在登录页面输入用户名和密码，前端将用户数据提交给后台服务器，后台需要查看是否能够收到前端的数据。这里，我们借助"console.log(req.body);"来输出前端录入的数据。通俗地说，前端的作用就是数据采集与数据的展示。

具体来说，在登录页面输入以下内容，如图 13-6 所示。

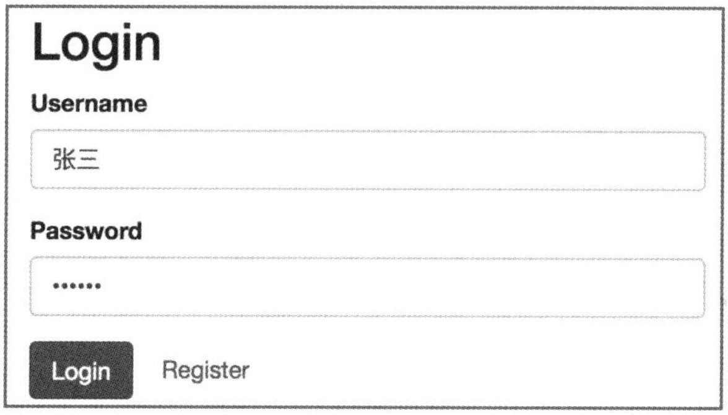

图 13-6　在登录页面输入用户名和密码

在终端窗口，会输出以下信息。

```
{username: '张三', password: '123456' }
```

在这个工程中，Express 用到了 body-parser 中间件，借助这个中间件才将前端的输入内容转换为 JSON 数据格式。后台接收到 JSON 数据后，这就为后续的数据解析打下了基础。

有了 login.js 路由文件后，还得把它作为中间件添加到 app.js 中。

13.4.3　添加路由中间件

在这个工程中，尽管应用的入口是"bin/www"文件，而我们要改动的文件是根目录下 app.js 文件，在 app.js 文件中，添加以下代码。

```
app.use('/login', require('./routes/login'));
```

这样一来，就为登录页面添加了路由。当应用启动后，在浏览器中输入"http://localhost:3000/login"时，就出现以上的登录页面了。

需要注意的是，login.js 与 login.ejs 二者之间有一个对应的关系。

```
router.get('/', function (req, res) {
    res.render('login');          //指向 login.ejs 文件
});
```

这个是一个 GET 请求，当在浏览器中输入“http://localhost:3000/login”时，服务器会返回 login.ejs 页面；当在登录页面上输入用户名和密码，再单击“Login”按钮时，会触发 POST 请求，具体触发的路由是：

```
router.post('/', function (req, res)
{
    console.log(req.body);
});
```

从中可以看出，尽管请求的路径相同，但它们请求的方法不同，一个是 GET 请求，用来呈现登录页面；另一个是 POST 请求，用来将表单数据提交给服务器。终端窗口出现的 log 信息，就是在表单 POST 请求时获取到的。

接下来，按照同样的套路来构建注册页面。

13.5 构建注册页面

13.5.1 静态页面的创建

在工程 views 目录下，创建 register.ejs 文件，创建的方法与登录页面类似，在 register.ejs 文件中，添加以下代码。

```
<!DOCTYPE html>
<html>
<head>
    <meta charset="utf-8" />
    <title>Login</title>
    <link rel="stylesheet" href="//maxcdn.bootstrapcdn.com/bootstrap/3.3.5/
               css/bootstrap.min.css" />
    <style type="text/css">
        body {
            padding-top: 100px;
        }
        .form-container {
            width: 400px;
            margin: auto;
```

```
        }
        .credits {
            border-top: 1px solid #ddd;
            margin-top: 40px;
            padding-top: 20px;
        }
    </style>
</head>
<body>

<div class="form-container">
    <h2>Register</h2>

    <% if(locals.error) { %>
        <div class="alert alert-danger"><%= error %></div>
    <% } %>
  <form method="post">

        <div class="form-group">
            <label for="username">Username</label>
            <input type="text" name="username" id="username" class="form-control" />
        </div>
        <div class="form-group">
            <label for="password">Password</label>
            <input type="password" name="password" id="password" class=
                                                    "form-control" required />
        </div>
        <div class="form-group">
            <button type="submit" class="btn btn-primary">Register</button>
            <a href="/login" class="btn btn-link">Cancel</a>
        </div>
    </form>
</div>

  <div class="credits text-center">

  </div>
</body>
</html>
```

代码解读

```
<% if(locals.error) { %>
      <div class="alert alert-danger"><%= error %></div>
   <% } %>
```

在 EJS 文件中，出现了一个变量 locals，而 locals 并不是 Node.js 的变量，它是 EJS 中的一个全局句柄。应该说，Express 中的 render 函数传递给 EJS 的所有变量都绑定到 locals 这个变量上，我们可以直接用变量名，而省去 locals 这个变量。这里的 locals.error 与对应的路由文件相关联，后面会讲到它的展示效果。

对于注册页面来说，在浏览器输入“http://localhost:3000/register”时，显示的页面如图 13-7 所示。

Register

Username

Password

Register　Cancel

图 13-7　注册页面运行结果

13.5.2　构建注册页面的路由

在工程的 routes 目录下，添加一个 register.js 文件。

```
var express = require('express');
var router = express.Router();
var request = require('request');

//dummy db
var dummyDb = [
   {username: 'name1', password: '123456'},
   {username: 'name2', password: 'abcd'},
   {username: 'name3', password: '09876'},
];

router.get('/', function (req, res)
{
```

```
    res.render('register');
});

router.post('/', function (req, res)
{
    console.log(req.body);
    var username = req.body.username;
    //check if username is already taken
    for (var i = 0; i < dummyDb.length; i++)
    {
        if (dummyDb[i].username === username)
        {
            res.render('register', { error: "该用户已存在! " } )
            return;
        }
    }

    //return to login page with success message
    res.render('login',{success: "注册成功! "});
});

module.exports = router;
```

代码解读

创建路由的方法与登录的路由是一脉相承的，我们只关注不同的部分。为了模拟业务场景，我们创建了一个 dummy 数据库，当注册的用户名已存在数据库中时，给出提示“该用户已存在”，如图 13-8 所示。

Register

该用户已存在!

Username

Password

Register　Cancel

图 13-8　当新注册的用户名已存在时，给出提示

这个动态的提示效果是怎么实现的呢？在 register.js 中，有下面这么一行代码。

```
res.render('register', { error: "该用户已存在！" } );
```

通常看到的是，服务器返回的是一个页面，如“res.render('register');”。

这次不仅返回页面，还返回一行带有 JSON 的数据。这里的 error 是一个变量，通过 EJS 模板引擎，与对应的 register.ejs 关联起来。也就是说，在 register.ejs 文件中，肯定用到了 error 变量。果不其然，register.ejs 中的 locals.error 中的 erro 就是 register.ejs 中的 error。对应的代码如下。

```
<% if(locals.error) { %>
      <div class="alert alert-danger"><%= error %></div>
<% } %>
```

同理，我们还可以在 Login 页面上添加一个提示信息。例如，当注册成功后，返回到登录页面，并给出“注册成功！”的提示，如图 13-9 所示。

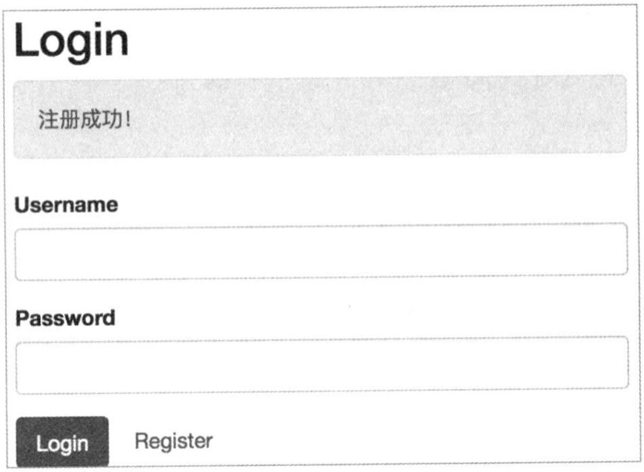

图 13-9　新用户注册成功时，给出提示

要想实现这样的提示效果，需要 router 与 EJS 配合。在 register.js 文件中，添加以下代码。

```
res.render('login',{success: "注册成功！"});
```

对应地，在 login.ejs 中，添加以下代码。

```
<% if(locals.error) { %>
      <div class="alert alert-danger"><%= error %></div>
   <% } %>
   <% if(locals.success) { %>
      <div class="alert alert-success"><%= success %></div>
   <% } %>
```

起初，我们创建的是一个静态的页面，经过以上简单的处理后，页面开始呈现出动态的特征，从中也可以看出 EJS 模板引擎的优势所在。

13.5.3 添加路由中间件

在工程的 app.js 文件中，添加以下代码。

```
app.use('/register', require('./routes/register'));
```

当应用启动后，在浏览器中输入“http://localhost:3000/register”时，就出现以上的注册页面了。

13.6 小结

至此，我们已经完成了登录、注册页面，并实现了它们的路由和页面之间的跳转，前端所要做的已基本完成了。通过前面学过的 Web 与 Native 混合开发模式，把这个登录、注册页面加载到 UIWebView 中，就能达到 App 上的展示效果。

参 考 文 献

[1] 和凌志．iOS 开发之美．北京：电子工业出版社，2014．

[2] 和凌志．全栈开发之道：MongoDB+Express+AngularJS+Node.js．北京：电子工业出版社，2017．

[3] https://github.com/jsonmodel/jsonmodel．

[4] [美]Azat Mardanov．JavaScript 快速全栈开发．胡波，译．北京：人民邮电出版社，2015．

[5] http://www.sublimetext.com．

[6] http://hayageek.com/execute-javascript-in-ios/．

[7] [美]Brad Dayley．Node.js+MongoDB+AngularJS Web 开发．卢涛，译．北京：电子工业出版社，2015．

[8] [美]Ari Lerner．AnguarJS 权威教程．赵望野，等译．北京：人民邮电出版社，2014．

[9] http://angularjs.org．

[10] [美]Kristina Cbodorow．MongoDB 权威指南．邓强，王明辉，译．北京：人民邮电出版社，2014．

[11] https://www.mongodb.com．